教科書要点ズバっ

新しい科学 1年

東京書籍

この本の構成と特色

この本は，東京書籍版教科書「新しい科学１年」に完全に対応した要点まとめ本です。教科書の内容が要領よくまとめられていますので，定期テストの直前対策や，授業の予習や復習の際に，効率的に学習することができます。

要点

教科書の学習内容をわかりやすくまとめました。重要語句を中心に取り上げているので，学習のポイントが明確になります。

図解でチェック!

図で覚えたり考えたりするとわかりやすいところは，図でくわしく解説しました。

最重要 必ず理解しておきたい内容。

注 注意することやまちがえやすいところ。

絶対暗記 覚えておくと便利な項目。

一問一答check!

一問一答形式で，学習内容が身についているか確認ができます。□をチェックして，できなかったところはテスト前にもう一度確認しておきましょう。

これが出る! 定期テスト対策

定期テストで出題される可能性の高いところを，問題形式にしました。テスト前に挑戦して，まちがえたところは「要点」や「一問一答check!」で確認しておきましょう。

単元１のキーワード

単元ごとに重要語句をまとめて，わかりやすく説明をしています。単元全体の学習内容を整理することができ，入試に対応した力もつきます。

暗記用フィルターの使い方

暗記してほしい大切な項目や問題の答えは，フィルターを上にのせると見えなくなるように赤色にしてあります。

目次

単元1 いろいろな生物とその共通点

第1章 **生物の観察と分類のしかた** —— 4
1 身近な生物の観察 —— 4
2 生物の特徴と分類 —— 7
第2章 **植物の分類** —— 9
1 身近な植物の分類 —— 9
2 果実をつくる花のつくり —— 10
3 裸子植物と被子植物 —— 12
4 花をさかせず種子をつくらない植物 —— 15
5 さまざまな植物の分類 —— 16
第3章 **動物の分類** —— 22
1 身近な動物の分類 —— 22
2 セキツイ動物 —— 23
3 無セキツイ動物 —— 24
4 動物の分類表の作成 —— 25
単元1のキーワード —— 30

単元2 身のまわりの物質

第1章 **身のまわりの物質とその性質** —— 32
1 物の調べ方 —— 32
2 金属と非金属 —— 33
3 さまざまな金属の見分け方 —— 34
4 白い粉末の見分け方 —— 38
第2章 **気体の性質** —— 44
1 身のまわりの気体の性質 —— 44
2 気体の性質と集め方 —— 46
第3章 **水溶液の性質** —— 49
1 物質が水にとけるようす —— 49
2 溶解度と再結晶 —— 53
第4章 **物質の姿と状態変化** —— 59
1 物質の状態変化 —— 59
2 物質の状態変化と体積・質量の変化 —— 60
3 状態変化が起こるときの温度と蒸留 —— 62
単元2のキーワード —— 70

単元3 身のまわりの現象

第1章 **光の世界** —— 72
1 物の見え方 —— 72
2 光の反射 —— 73
3 光の屈折 —— 74
4 レンズのはたらき —— 77
第2章 **音の世界** —— 85
1 音の伝わり方 —— 85
2 音の性質 —— 86
第3章 **力の世界** —— 91
1 日常生活のなかの力 —— 91
2 力のはかり方 —— 92
3 力の表し方 —— 93
4 力のつり合い —— 94
単元3のキーワード —— 99

単元4 大地の変化

第1章 **火をふく大地** —— 101
1 火山の姿からわかること —— 101
2 火山がうみ出す物 —— 102
3 火山の活動と火成岩 —— 106
4 火山とともにくらす —— 107
第2章 **動き続ける大地** —— 110
1 地震のゆれの伝わり方 —— 110
2 地震が起こるところ —— 112
3 地震に備えるために —— 113
第3章 **地層から読みとる大地の変化** —— 118
1 地層のつくりとはたらき —— 118
2 堆積岩 —— 119
3 地層や化石からわかること —— 122
4 大地の変動 —— 123
5 身近な大地の歴史 —— 123
単元4のキーワード —— 127

単元1 いろいろな生物とその共通点

第1章 生物の観察と分類のしかた

1 身近な生物の観察

教 p.16～p.21

観察1

校庭や学校周辺の生物を観察し，観察記録にまとめよう。

★考察のポイント

・生物の大きさ，色，形，生息・生育する場所などのほかに，生物の特徴《とくちょう》としてあげられることは何か。

・光の当たり方や土のしめりぐあいなど環境《かんきょう》がちがう場所では，生息・生育している生物もちがうか。

・同じ種類の生物でも，生息・生育する場所によって育ち方にちがいはあるか。

基礎操作　ルーペの使い方

※観察するものが動かせないときは顔を前後に動かす。

基礎操作　スケッチのしかた

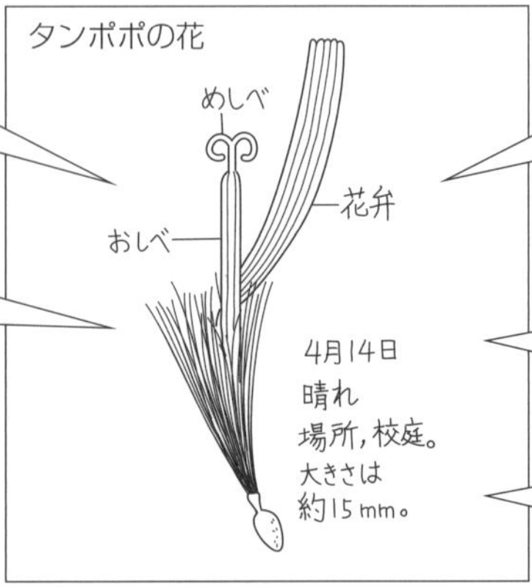

観察対象だけをかく。

よくけずった鉛筆《えんぴつ》を使い，細い線・小さい点ではっきりとかく。重ねがきしたり，ぬりつぶしたりしない。

ルーペや顕微鏡《けんびきょう》で見たときの，視野のまるい線はかかない。

日時・天気・観察場所などを書く。

大きさを測定し，スケッチの中にかき入れる。

絶対暗記

顕微鏡の倍率＝対物《たいぶつ》レンズの倍率×接眼レンズの倍率

基礎操作　顕微鏡の使い方

双眼実体顕微鏡

①両目の間隔《かんかく》に合うように，鏡筒《きょうとう》を調節し，左右の視野が重なって1つに見えるようにする。粗動《そどう》ねじをゆるめ，鏡筒を上下させて両目でおよそのピントを合わせる。

②次に，右目だけでのぞきながら，微動《びどう》ねじでピントを合わせる。

③左目だけでのぞきながら，視度調節リングを左右に回して，ピントを合わせる。

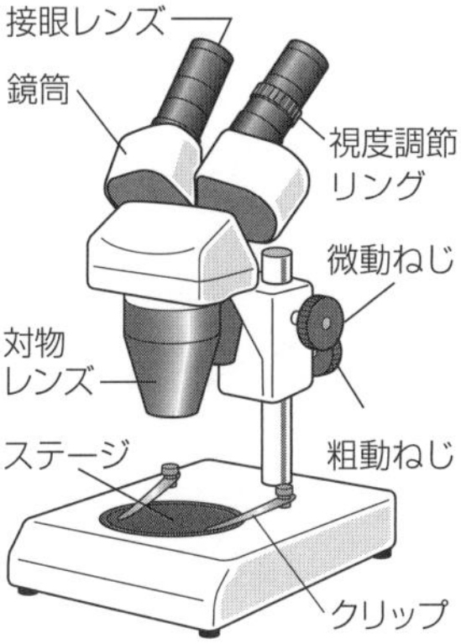

鏡筒上下式顕微鏡とステージ上下式顕微鏡

①対物レンズをいちばん低倍率のものにする。

②反射鏡《はんしゃきょう》を調節して，全体が均一に明るく見えるようにする。

③プレパラートをステージにのせる。

④真横から見ながら，調節ねじを回し，プレパラートと対物レンズを近づける。

⑤接眼レンズをのぞいて，調節ねじを④と反対に少しずつ回し，プレパラートと対物レンズを遠ざけながら，ピントを合わせる。

⑥しぼりを回して，観察したいものが最もはっきり見えるように調節し，視野の中心にくるようにする。

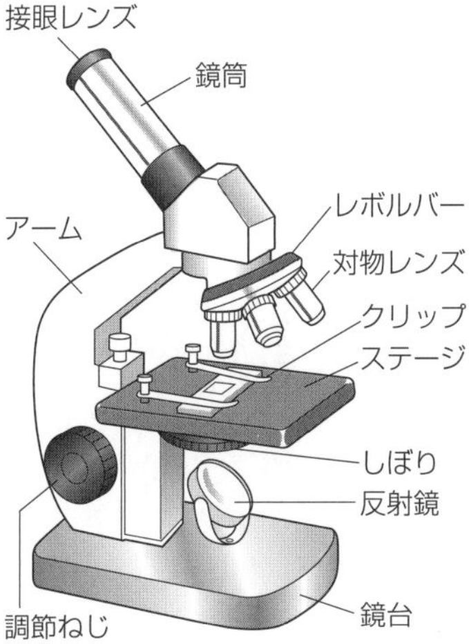

ステージ上下式顕微鏡

活用

水中の生物を顕《けん》微《び》鏡《きょう》で見てみよう。

プレパラートのつくり方

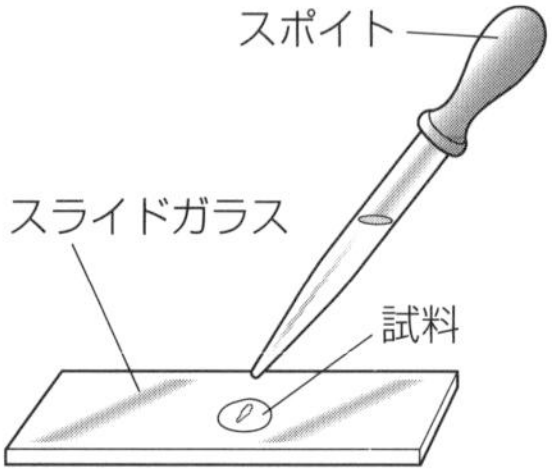

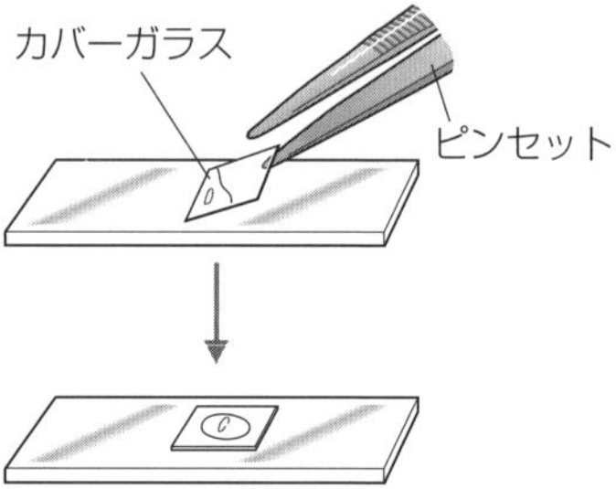

①スライドガラスに試料（観察するもの）をのせる。
水分が少ないものを観察するときは，水を1滴《てき》落としておく。

②カバーガラスをかける。このとき，気《き》泡《ほう》が入らないように，はしからゆっくりと下げ，ピンセットを引く。

川や海，池で採取するときは，事故のないようじゅうぶんに気をつけよう。

2 生物の特徴と分類

教 p.22～p.26

要点

● **分類《ぶんるい》**　似た特徴《とくちょう》をもつものを1つのグループにまとめ，いくつかのグループに分けて整理すること。

■ 生物の分類

実習1

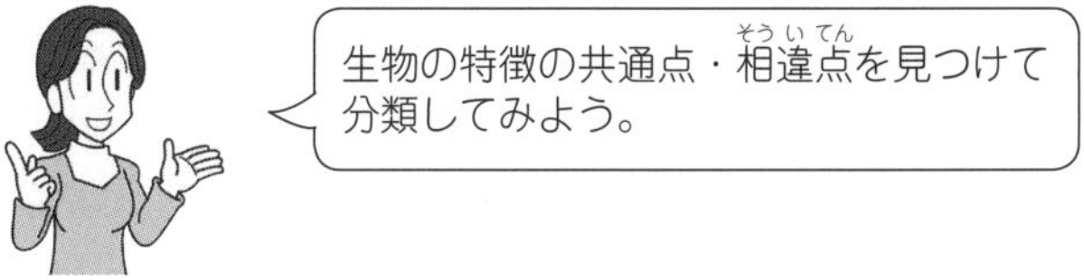

■ 生物の共通した特徴

図解でチェック!

水中	陸上
スイレン クジラ メダカ	ダンゴムシ アリ サクラ ナナホシテントウ タンポポ

<table>
<tr><th colspan="2">移動する</th><th>移動しない</th></tr>
<tr><td colspan="2">ひれ
クジラ
メダカ</td><td rowspan="2">スイレン
サクラ
タンポポ</td></tr>
<tr><td>あし
ダンゴムシ</td><td>ナナホシテントウ
アリ</td></tr>
</table>

一問一答 check!

□右の図のような顕微鏡《けんびきょう》を何というか。 — 双眼実体顕微鏡《そうがんじったいけんびきょう》

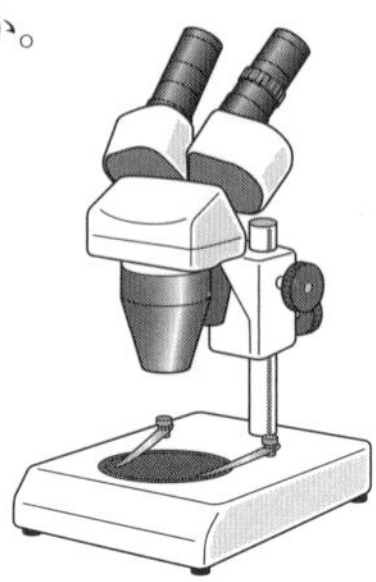

□右の図のような顕微鏡はどんな観察に適しているか。 — 立体的な観察

□一般に，グループに分けて整理することを何というか。 — 分類

□顕微鏡で水中の小さな生物を観察するために，右下図のものをつくった。これを何というか。 — プレパラート

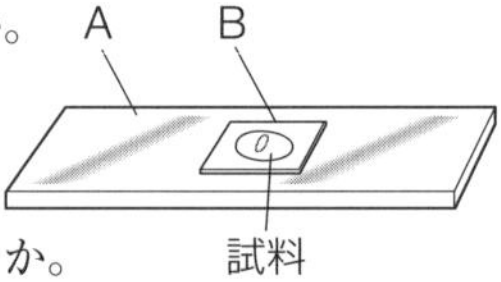

□試料をのせるAを何というか。 — スライドガラス

□うすい正方形のBを何というか。 — カバーガラス

□10倍の接眼レンズと40倍の対物レンズを使った場合，顕微鏡の倍率は何倍になるか。 — 400倍

これが出る！ 定期テスト対策

1〔生物の共通した特徴〕 右の表は，さまざまな生物を分類したものである。

a	b
フナ	ミツバチ
イルカ	ケヤキ

（1）aとbはある生育環境《せいいくかんきょう》で分類したものである。どんな基準で分類したものか。

a（　水中で生活する　）

b（　陸上で生活する　）

（2）ミツバチとケヤキを区別するにはどんな基準で分類したらよいか。

（　例：移動するかしないか　）

第2章 単元1 いろいろな生物とその共通点 植物の分類

1 身近な植物の分類

教 p.28～p.29

課題

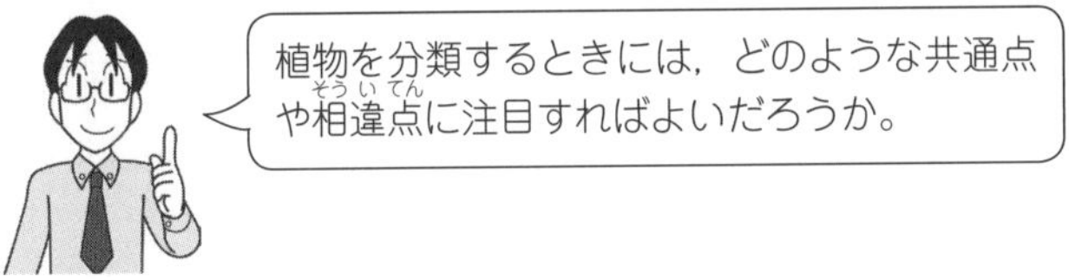

■ 植物を分類するときの共通点

・世界じゅうにはたくさんの種類の植物がある。

・種類によって葉や花の，色，形，大きさなどに特徴《とくちょう》がある。

■ 花や実の特徴で分類できる／花と実の関係

・花がさく植物とさかない植物に分けることができる。

・実《み》がなる植物と実がならない植物に分けることができる。

花がさく植物

カーネーション

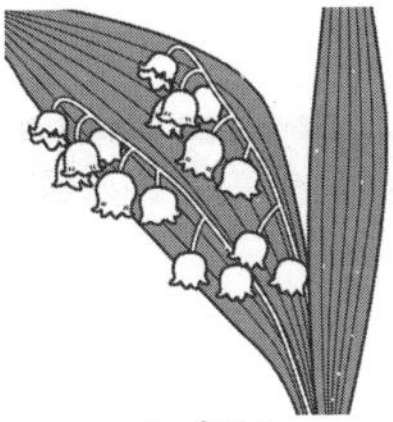

スズラン

花がさかない植物

スギナ

・花と実の関係

ウメの花と実

2 果実をつくる花のつくり

教 p.30～p.33

要点

- **花《はな》のつくり**　外側から順に，がく・花弁《かべん》・おしべ・めしべ。
- **やく**　おしべの先端《せんたん》にある花粉のつまった部分。
- **柱頭《ちゅうとう》**　めしべの先端の花粉がつきやすい部分。
- **子房《しぼう》**　めしべの下部のふくらんだ部分。やがて**果実《かじつ》**になる。
- **胚珠《はいしゅ》**　子房の中にある小さな粒《つぶ》。やがて**種子《しゅし》**になる。
- **受粉《じゅふん》**　花粉が柱頭につくこと。
- **種子《しゅし》植物《しょくぶつ》**　種子をつくる植物。

観察2

いろいろな植物の花のつくりを調べ，特徴《とくちょう》を比べてみよう。

図解でチェック！

アブラナの花のつくりのスケッチ

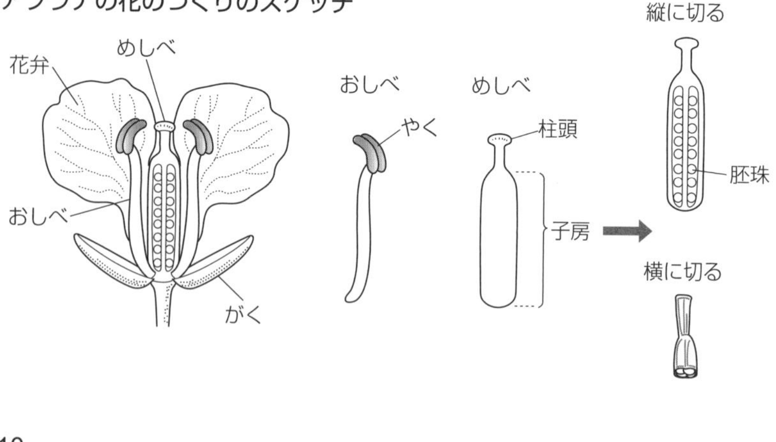

いろいろな花のつくり

アブラナ

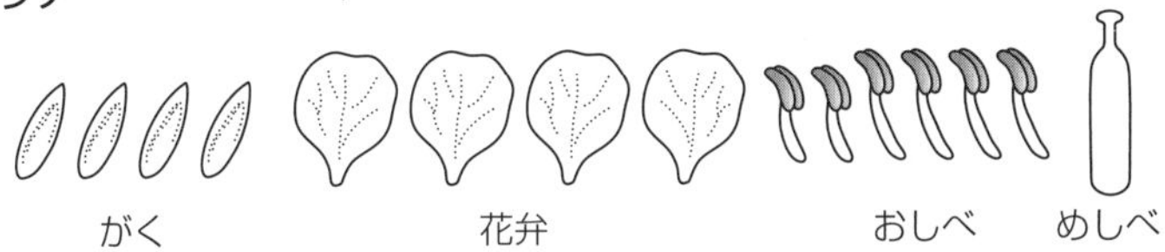

フジ

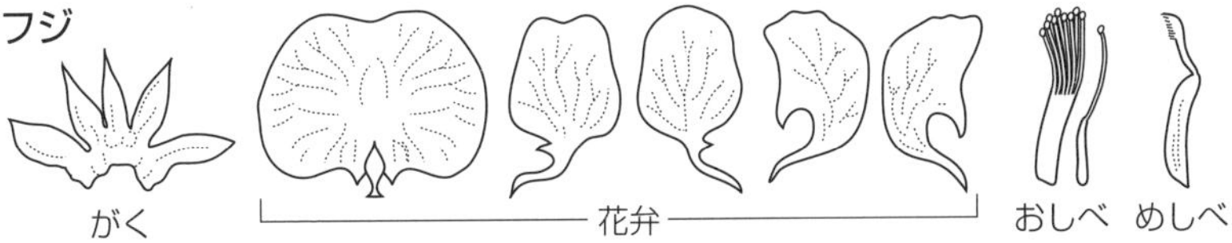

結　論

- 花弁・おしべ・がくの数や形は，植物によって異なる。
- 花の外側から，がく，花弁，おしべ，めしべという順になっている。

図解でチェック！

花のつくりと果実のでき方（模式図）

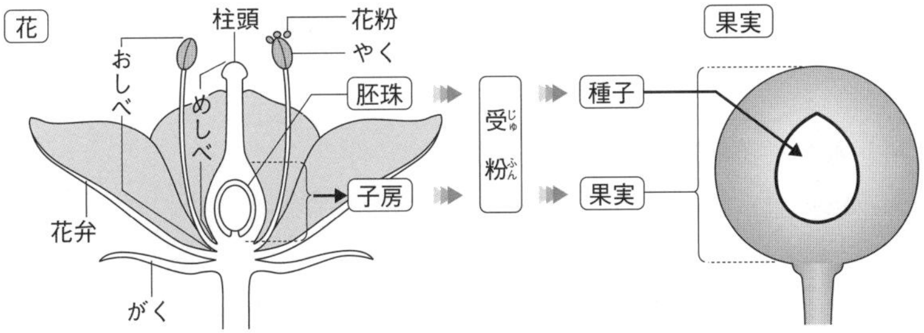

3 裸子植物と被子植物

教 p.34～p.37

要点

● **マツは雄花《おばな》と雌花《めばな》をつくる**　雄花のりん片《ぺん》には花粉のうがあり，雌花のりん片には胚珠《はいしゅ》がある。胚珠は子房《しぼう》に包まれておらず，花粉が胚珠に直接ついて受粉し，およそ1年半後の秋に種子ができる。果実はできない。

● **裸子植物《らししょくぶつ》**　子房がなく，胚珠がむき出しになっている植物。

● **被子植物《ひししょくぶつ》**　胚珠が子房の中にある植物。

■ マツの花のつくり

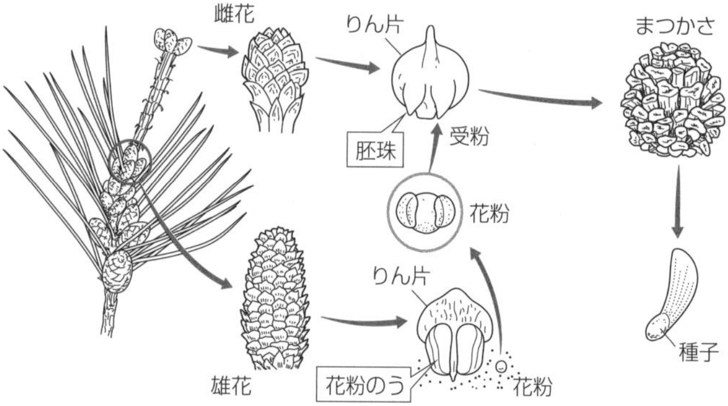

■ 種子をつくる植物の分類

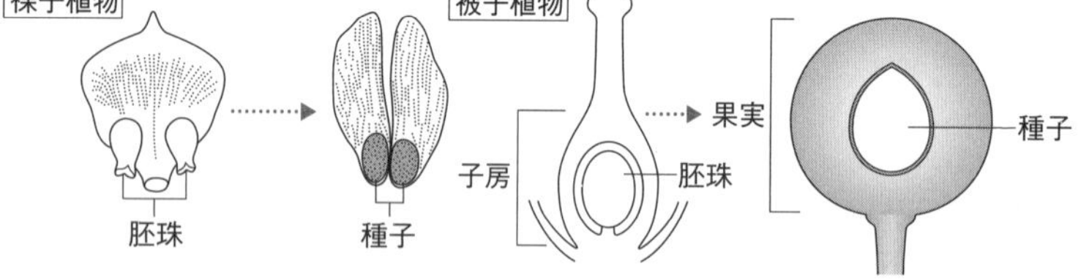

裸子植物は，子房がなく，胚珠がむき出しになっている。

■ 花がさいていないときの種子植物の分類

・花がさいていないときには，葉や根のつくりに注目する。

■ 葉を基準にした種子植物の分類

図解でチェック！

広葉と針葉のちがい

・広葉《こうよう》は，はばが広い

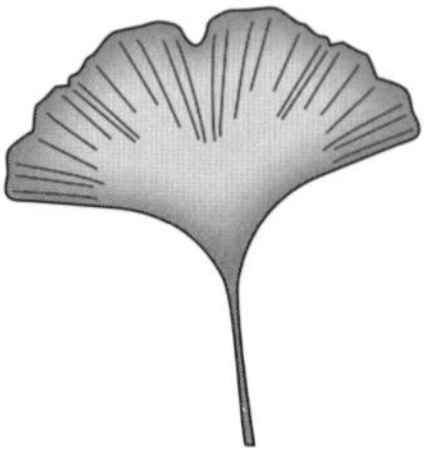

・針葉《しんよう》は，針のように細い

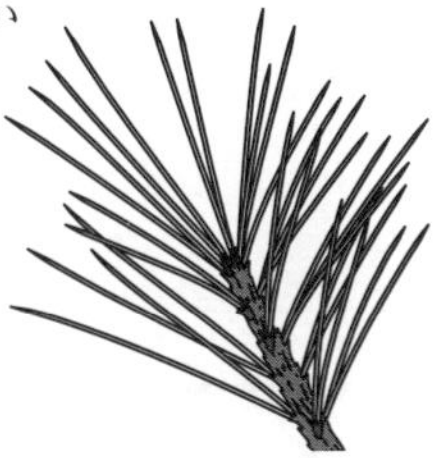

イチョウの葉は，はばが広いが裸子植物である。

広葉をもつグループ…被子植物，裸子植物の一部（イチョウ）

針葉をもつグループ…裸子植物

葉脈

平行な葉脈

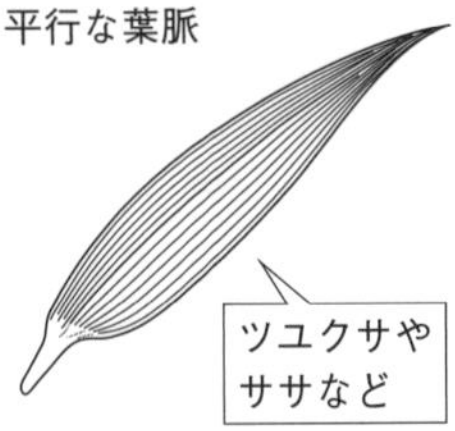

網目状の葉脈

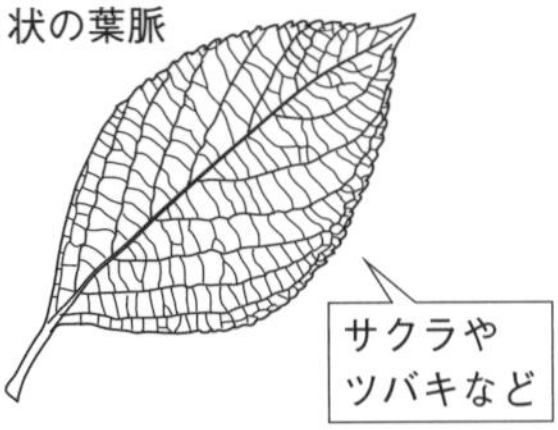

■ 被子植物の２つのグループ

要点

- **葉脈《ようみゃく》**　葉に見られる筋《すじ》のこと。水や養分の通り道であり，うすくて広い葉を支える役割もする。平行のものと網目状《あみめじょう》のものがある。
- **子葉《しよう》**　種子ができるときに最初につくられる葉。
- **被子植物《ひししょくぶつ》**　→　単子葉類，双子葉類
  - **単子葉類《たんしようるい》**　子葉が１枚ある植物。ひげ根をもつ。
  - **双子葉類《そうしようるい》**　子葉が２枚ある植物。根は主根と側根からなる。
- **ひげ根《ね》**　単子葉類にみられる，同じような太さの多数の細い根。
- **主根《しゅこん》と側根《そっこん》**　葉脈が網目状に通る植物は，太い主根をのばし，そこから側根をのばしている。

絶対暗記

単子葉類と双子葉類の特徴

	子葉	葉脈	根
単子葉類	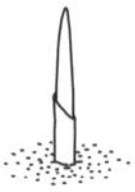 １枚	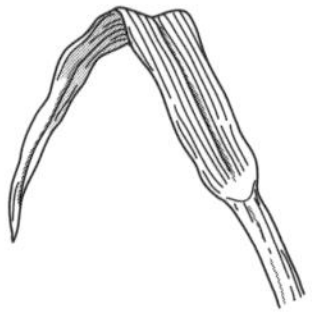 葉脈は平行	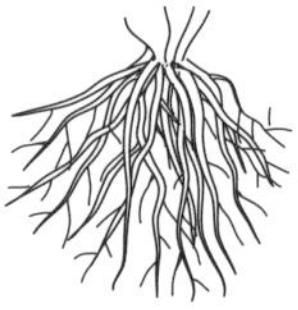 ひげ根
双子葉類	 ２枚	 葉脈は網目状	 主根と側根

4 花をさかせず種子をつくらない植物

教 p.38～p.41

要点

- **胞子《ほうし》でふえる植物《しょくぶつ》** 種子をつくらず，胞子でふえる植物には，シダ植物とコケ植物がある。
- **胞子《ほうし》** 胞子のうでつくられ，しめった場所に落ちると発芽し，成長する。
- **シダ植物《しょくぶつ》** 葉・茎《くき》・根の区別がある。
- **コケ植物《しょくぶつ》** 葉・茎・根の区別がない。

■ シダ植物のからだのつくり

観察3

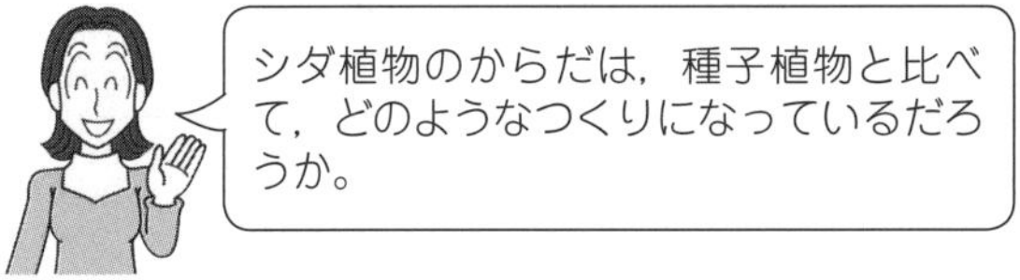

結　論

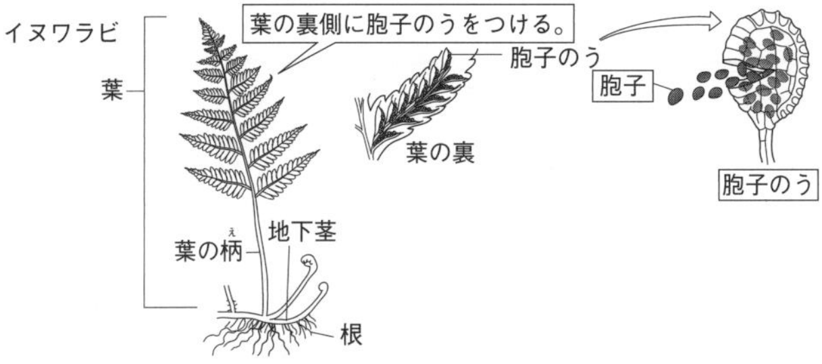

■ コケ植物

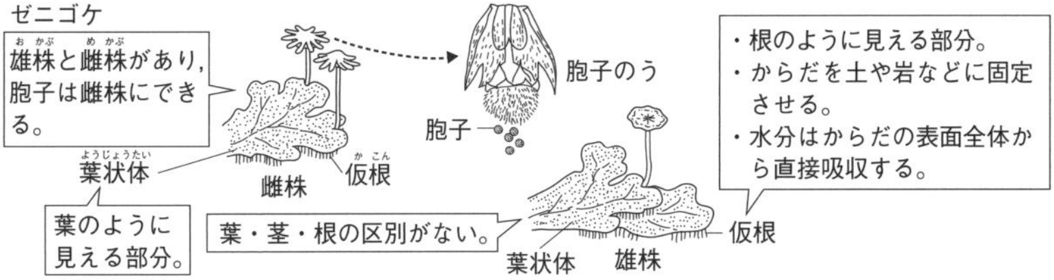

5 さまざまな植物の分類

教 p.42～p.44

■ 多くの植物に共通する特徴から分類する

植物の分類

最重要!

種子

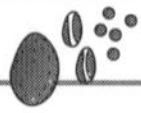

種子植物

種子でふえる。

↓

子房《しぼう》の有無

被子植物《ひししょくぶつ》

胚珠《はいしゅ》は子房の中

↓

葉，根のちがい

単子葉類《たんしようるい》

- 子葉《しよう》は１枚
- 葉脈は平行に通る。
- 根はひげ根

↓

イネ，トウモロコシ，ユリ など

双子葉類《そうしようるい》

- 子葉は２枚
- 葉脈は網目状《あみめじょう》に通る。
- 根は主根《しゅこん》と側根《そっこん》

↓

アブラナ，アサガオ，エンドウ，タンポポ，サクラ，サツキ など

裸子植物《らししょくぶつ》

胚珠はむき出し

↓

イチョウ，スギ，マツ，セコイア など

胞子《ほうし》

種子をつくらない植物

胞子でふえる。

↓

葉，茎《くき》，根の区別の有無

コケ植物

- 葉，茎，根の区別がない。

↓

エゾスナゴケ，コスギゴケ，ゼニゴケ など

シダ植物

- 葉，茎，根の区別がある。

↓

イヌワラビ，スギナ，ゼンマイ など

■ 初めて出会った植物の分類

初めて出会った植物を分類するには，まずその植物を観察して特徴《とくちょう》を明らかにする。作成した表のそれぞれのグループのもつ特徴と照らし合わせると，初めて出会った植物がどのグループに属するかを知ることができる。

一問一答 check!

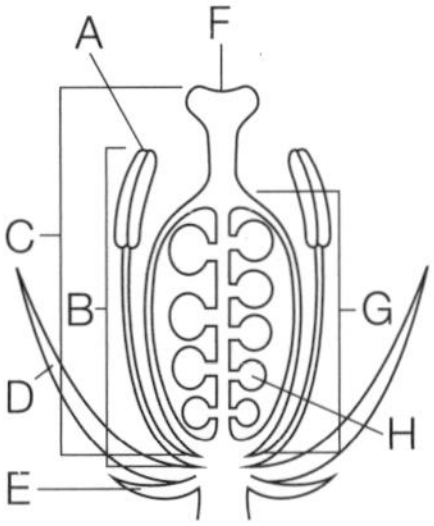

□右図で，ふくろ状のAは何か。	やく
□Bは何か。	おしべ
□1つの花に1本あるCは何か。	めしべ
□Dは何か。	花弁《かべん》
□Eは何か。	がく
□Cの先のFは何というか。	柱頭《ちゅうとう》
□Cのもとにあるふくらんだ部分Gは何というか。	子房
□Gの中にある粒Hは何か。	胚珠
□Aの中には何が入っているか。	花粉
□Gはやがて何になるか。	果実
□Hはやがて何になるか。	種子
□マツの花には，花弁とがくはあるか，ないか。	どちらもない。
□マツの雌花には，子房があるか，ないか。	ない。
□マツには果実ができるか，できないか。	できない。
□花がさき，種子をつくる植物のなかまを何というか。	種子植物
□Gの中にHがある植物を何というか。	被子植物
□Gがなく，Hがむき出しの植物を何というか。	裸子植物
□葉にあるたくさんのすじを何というか。	葉脈
□葉脈が平行に通っているのは，ササとツバキのうちのどちらか。	ササ
□サクラの葉脈はどのように通っているか。	網目状

□種子をつくってなかまをふやす植物を何というか。	種子植物
□胚珠《はいしゅ》が子房《しぼう》の中にある植物を何というか。	被子《ひし》植物《しょくぶつ》
□子房がなく胚珠がむき出しになっている植物を何というか。	裸子《らし》植物《しょくぶつ》
□被子植物のうち，子葉《しよう》が２枚の植物を何というか。	双子葉類《そうしようるい》
□被子植物のうち，子葉が１枚の植物を何というか。	単子葉類《たんしようるい》
□双子葉類の根は，主根《しゅこん》と側根《そっこん》か，それともひげ根か。	主根と側根
□単子葉類の根は，主根と側根か，それともひげ根か。	ひげ根
□双子葉類の葉脈《ようみゃく》は，網目状《あみめじょう》か，平行か。	網目状
□単子葉類の葉脈は，網目状か，平行か。	平行
□タンポポは，裸子植物，双子葉類，単子葉類のどれか。	双子葉類
□スギは，裸子植物，双子葉類，単子葉類のどれか。	裸子植物
□シダ植物やコケ植物は種子をつくるか，つくらないか。	つくらない。
□シダ植物やコケ植物は何でふえるか。	胞子《ほうし》
□シダ植物とコケ植物のうち，葉・茎《くき》・根の区別がある植物はどちらか。	シダ植物
□イヌワラビとコスギゴケのうち，雄株《おかぶ》と雌株《めかぶ》に分かれている植物はどちらか。	コスギゴケ
□ゼニゴケでは胞子は雄株と雌株のどちらにできるか。	雌株
□コケ植物は水分をからだのどこで吸収するか（発展内容）。	からだの表面全体
□イヌワラビは，シダ植物，コケ植物のどちらか。	シダ植物

これが出る! 定期テスト対策

1〔果実をつくる花のつくり〕 右の図は，花のつくりを模式的に表したものである。

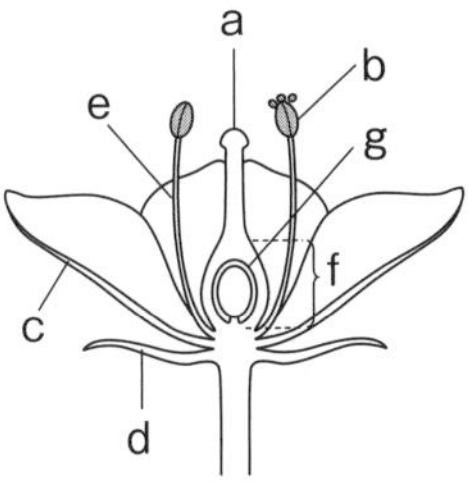

（1）a～dの部分の名前を書け。

a（ 柱《ちゅう》 頭《とう》 ） b（ や く ）

c（ 花《か》 弁《べん》 ） d（ が く ）

（2）花粉がつくられるのは，a～gのどこか。

（ b ）

（3）受粉が起こるとやがて種子，果実になるのは，それぞれa～gのどこか。

種子（ g ）

果実（ f ）

（4）図のように，gがfの中にある植物を何というか。

（ 被子植物 ）

2〔マツの花のつくり〕 右の図1はマツの花を，図2はマツの花の一部を示している。

図1

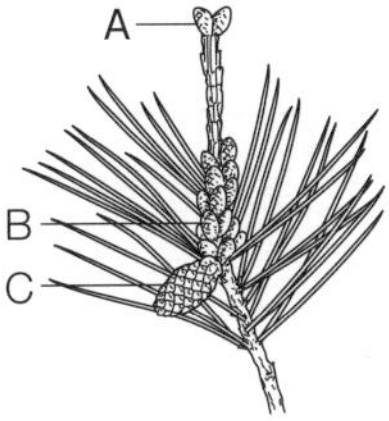

図2

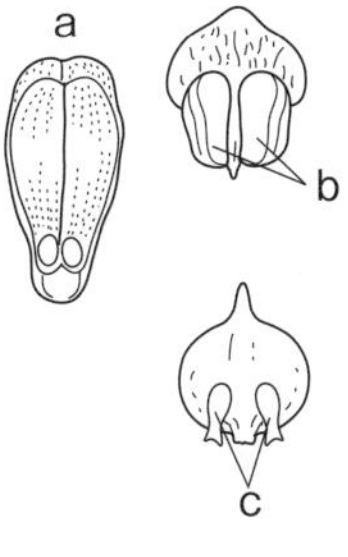

（1）図1で雌《め》花《ばな》を表しているのは，A～Cのどれか。

（ A ）

（2）図2のb，cの名称を書け。

b（ 花粉のう ）

c（ 胚 珠 ）

（3）aはbとcのどちらが成長したものか。

（ c ）

（4）マツのように，子房がなく，胚珠がむき出しの植物を何というか。

（ 裸子植物 ）

3〔被子植物の2つのグループ〕 下の図は，被《ひ》子《し》植《しょく》物《ぶつ》の根・葉脈《ようみゃく》をその特徴《とくちょう》から分類したものである。

根		葉　脈	
ア	イ	ウ	エ
	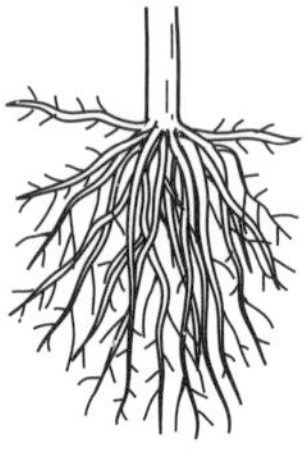	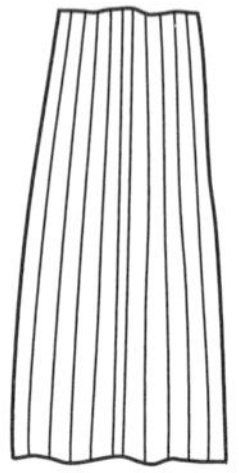	

（1）次の植物のもつ，根・葉脈はどれか。それぞれ選べ。

① トウモロコシ　（ イ ， ウ ）

② タンポポ　（ ア ， エ ）

（2）ウのような葉脈をもつなかまに属する植物は次の①～④のどれか番号で答えよ。

①ヒマワリ　②アブラナ　③イネ　④アサガオ

（ ③ ）

（3）イのような根を，何というか。　（ ひ げ 根 ）

（4）エのような葉脈はどのように通っているか。　（ 網 目 状 ）

4〔花をさかせず種子をつくらない植物〕 図のＡ～Ｄは，シダ植物とコケ植物のからだの全体またはその一部である。

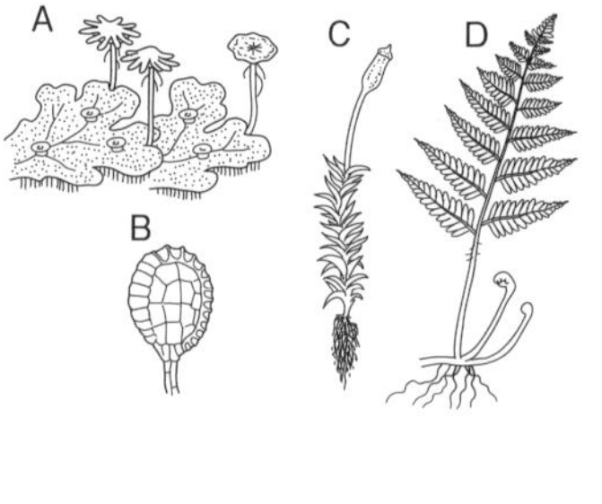

（1）ＢやＣの先端《せんたん》の中に入っているものは何か。

（ 胞《ほう》　子《し》 ）

(2) BはDのどこについているか。　　　　　　　　　　（　葉（の裏側）　）

(3) A，C，Dの中で，コケ植物はどれか全て答えよ。（　A　，　C　）

5〔さまざまな植物の分類〕　次の図は，フジ・イチョウ・イヌワラビ・イネ・ゼニゴケを，いろいろな観点で分類していったもので，A～Dは分類の観点を表している。また，図のア～オは，それぞれの植物の全体または一部をスケッチしたものである。

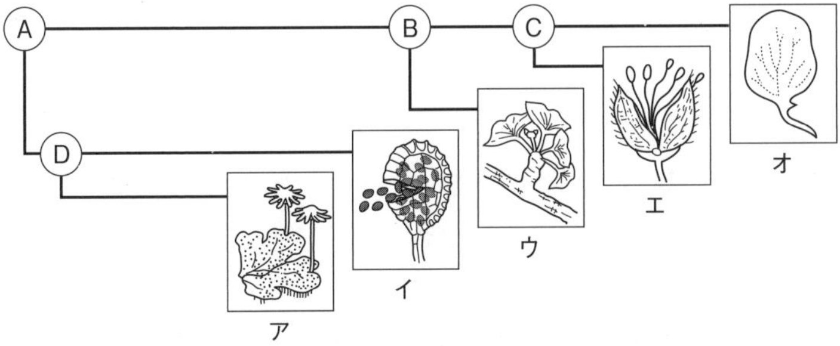

(1) 次の①～④の観点は図のA～Dのどれか。

①胚珠《はいしゅ》が子房《しぼう》の中にあるか，むき出しか。　　　（　B　）

②葉・茎《くき》・根の区別があるか，ないか。　　　（　D　）

③種子でふえるか，胞子《ほうし》でふえるか。　　　（　A　）

④子葉《しよう》が1枚か，2枚か。　　　（　C　）

(2) 図のア，イがなかまをふやすときにつくるものは何か。（　胞　子　）

(3) 次の①～④の植物を上の観点にしたがって分類すると，ア～オのどのグループに入るか。

①タンポポ　（　オ　）　　②スギナ　（　イ　）

③スギ　（　ウ　）　　④ユリ　（　エ　）

第3章 単元1 いろいろな生物とその共通点 動物の分類

1 身近な動物の分類

教 p.46～p.49

観察4

動物の特徴《とくちょう》の共通点・相違点《そういてん》を見つけて分類してみよう。

■ セキツイ動物／無セキツイ動物

要点

- **セキツイ動物《どうぶつ》**　背骨のある動物。カエル，ネズミ，ヒラメなど
- **無《む》セキツイ動物《どうぶつ》**　背骨のない動物。エビ，カニ，イカなど

図解でチェック！

セキツイ動物

ヒラメ

カエル

ネズミ

無セキツイ動物

カニ

エビ

イカ

2 セキツイ動物

教 p.50～p.53

■ からだのつくり／呼吸のしかた

背骨のあるセキツイ動物は，えらで呼吸をするものと肺で呼吸をするものがある。5つのグループに分類できる。

■ 子のうまれ方

要点

- **卵生《らんせい》**　親が卵をうんで，卵から子がかえるうまれ方。
- **胎生《たいせい》**　母体内である程度育ってから子がうまれるうまれ方。

セキツイ動物

	生活場所	移　動	呼　吸	うまれ方	体　表
魚　類	水中	ひれ	えら	卵生（殻《から》なし）	うろこ
両生類	幼生 水中 成体 陸上	幼生 ひれ 成体 あし	幼生 えらと皮膚《ひふ》 成体 肺と皮膚	卵生（殻なし）	しめった皮膚
ハチュウ類	陸上	あし	肺	卵生（殻あり）	うろこ
鳥　類	陸上	あし	肺	卵生（殻あり）	羽毛
ホニュウ類	陸上	あし	肺	胎生	毛

発展　恒温動物と変温動物

● **恒温動物**《こうおんどうぶつ》　環境《かんきょう》にかかわらず体温を一定に保つことができる動物。

● **変温動物**《へんおんどうぶつ》　環境の温度の変化にともなって体温も変動する動物。

3 無セキツイ動物

教 p.54～p.57

■ 軟体動物

要点

● **軟体動物**《なんたいどうぶつ》　からだとあしに節《ふし》がない。内臓が外《がい》とう膜《まく》でおおわれている。外とう膜をおおう貝殻《かいがら》があるものもいる。

例　マイマイ，アサリ，タコ，イカ　など

■ 節足動物

要点

● **節足動物**《せっそくどうぶつ》　からだとあしに節があり，からだは外骨格でおおわれている。甲殻類《こうかくるい》や昆虫類《こんちゅうるい》などに分類される。

例　甲殻類…ザリガニ，カニ，エビ　など

　　昆虫類…バッタ，カブトムシ，チョウ　など

● **外骨格**《がいこっかく》　からだを支えたり保護したりするはたらきをもつ殻のこと。

その他のグループ

要点

● その他のグループ　ウニやヒトデやナマコをふくむグループ，クラゲやイソギンチャクをふくむグループ，ミミズをふくむグループ，ホヤをふくむグループなどさまざまなグループがある。

観察5　無セキツイ動物のからだのつくりや動き方を観察しよう。

無セキツイ動物を外部から観察して特徴《とくちょう》を調べ，共通点や相違点《そういてん》を見つけてみよう。

結　論　外骨格とその内側にある筋肉のはたらきによってからだを動かす。

4 動物の分類表の作成

教 p.58～p.65

課　題

どのような表や図をつくると，動物を適切に分類できるか。

・動物の分類に適したからだのつくりの特徴《とくちょう》に注目して，共通点や相違点《そういてん》から分類表をつくる。

つながる科学　自然のふしぎ

・ホニュウ類を2つに分けてみよう。

ホニュウ類
- 目が横向きについている。
  視野が広い。
- 目が前向きについている。
  立体的に見える範囲が広い。
  視野がせまい。

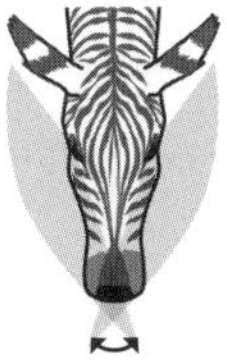

立体的に見える範囲
シマウマの目

立体的に見える範囲
ライオンの目

・2つの特徴《とくちょう》は，それぞれの動物のどんな生活環境《かんきょう》に役立っているか。
草食動物は，肉食動物を早く発見して逃《に》げなければならない。
肉食動物は，動物を追いかけるときに距離《きょり》を正しくつかむ必要がある。

分類表

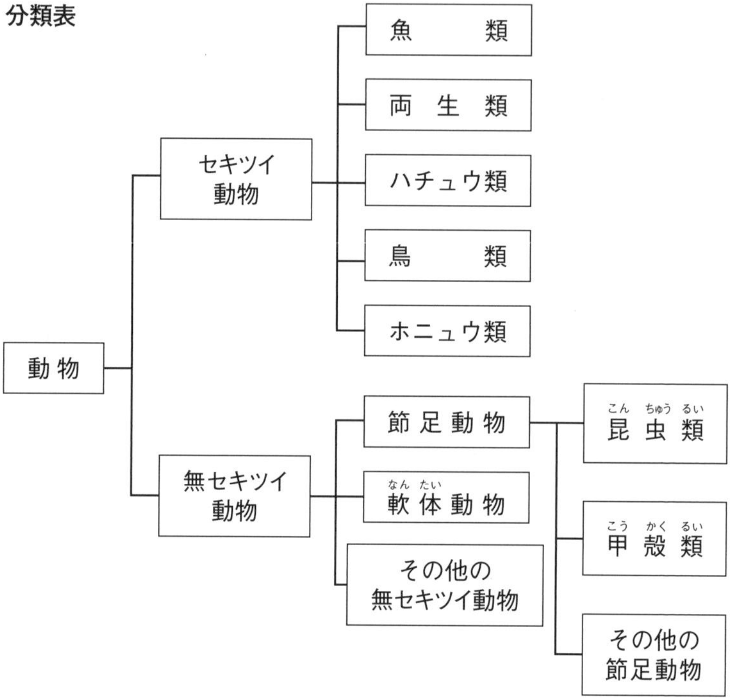

動物の分類に適したからだのつくりの特徴に注目して，それらの共通点と相違点《そういてん》から分類表を作成する。

一問一答 check!

□背骨のある動物のグループを何というか。	セキツイ動物
□背骨のない動物のグループを何というか。	無セキツイ動物
□母体内である程度育ってから子がうまれるうまれ方を何というか。	胎生《たいせい》
□親が卵をうみ，卵から子がかえるうまれ方を何というか。	卵生《らんせい》
□一生えらで呼吸をする動物のなかまは何類か。	魚類
□幼生のときえらで呼吸をし，成体になると肺で呼吸をする動物のグループは何類か。	両生類
□殻《から》のない卵をうむのは，魚類と何類か。	両生類
□肺と皮《ひ》膚《ふ》で呼吸を行っている動物のグループは何類か。	両生類
□体表が，かたいうろこなどでおおわれている動物のグループは何類か。	ハチュウ類
□体表が，羽毛でおおわれている動物のグループは何類か。	鳥類
□卵に殻のある動物のグループは，何類か。すべて答えよ。	ハチュウ類，鳥類
□うまれ方が，胎生《たいせい》の動物のグループは何類か。	ホニュウ類
□節足動物のからだをおおっている殻を何というか。	外骨格《がいこっかく》
□昆虫類や甲殻類のグループは何動物か。	節足動物
□イカやアサリのグループは何動物か。	軟体動物
□イカやアサリなどのグループで，内臓の部分を包んでいる，筋肉でできた膜《まく》を何というか。	外《がい》とう膜
□無セキツイ動物の中で，ミジンコは節足動物，軟体動物，その他のグループのどれか。	節足動物
□無セキツイ動物の中で，ミミズは節足動物，軟体動物，その他のグループのどれか。	その他のグループ
□無セキツイ動物の中で，マイマイは節足動物，軟体動物，その他のグループのどれか。	軟体動物

これが出る! 定期テスト対策

1〔身近な動物の分類〕 動物のグループ分けについて，次の問いに答えよ。

（1）動物を，背骨があるか，ないかで２つのグループに分けたときの分類名を書け。

背骨がある動物（　セキツイ動物　）
背骨がない動物（　無セキツイ動物　）

（2）次のア～クの動物を，①背骨がある動物と②背骨がない動物の２つに分けよ。　①（　イ，ウ，キ，ク　）　②（　ア，エ，オ，カ　）

ア　チョウ　　イ　ウサギ　　ウ　イモリ　　エ　カニ
オ　ミミズ　　カ　タコ　　キ　イワシ　　ク　カエル

2〔動物の分類表の作成〕 セキツイ動物は，大きく５つのグループに分けられる。右の図は，どれもセキツイ動物である。次の問いに答えよ。

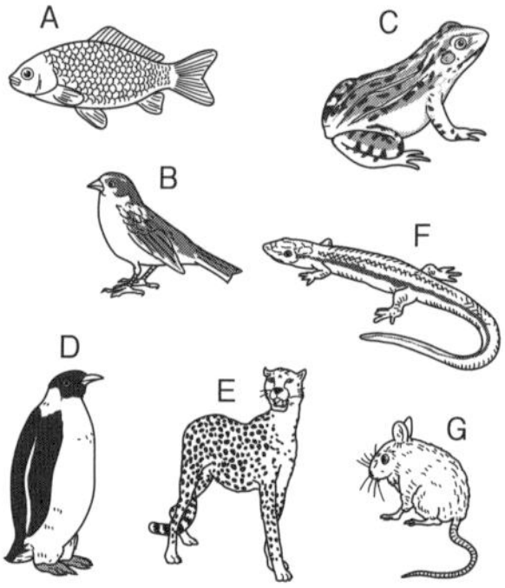

（1）C，D，Gは，それぞれセキツイ動物の５つのグループの何類に属するか。

C（　両　生　類　）
D（　鳥　　　類　）
G（　ホニュウ類　）

（2）A～Gを，ある特徴《とくちょう》で次の①，②のように分類するとき，それぞれの観点を，下のア～エから選べ。

①（　A，B，C，D，F　）と（　E，G　）
②（　A，C　）と（　B，D，E，F，G　）

ア　卵生《らんせい》か胎生《たいせい》か。　　イ　殻《から》のある卵をうむかうまないか。
ウ　えらで呼吸する時期があるかないか。
エ　一生の間，水中で生活するか陸上で生活することがあるか。

①（　ア　）　②（　ウ　）

（3）右の図のHやＩをまとめて何動物というか。（　無セキツイ動物　）

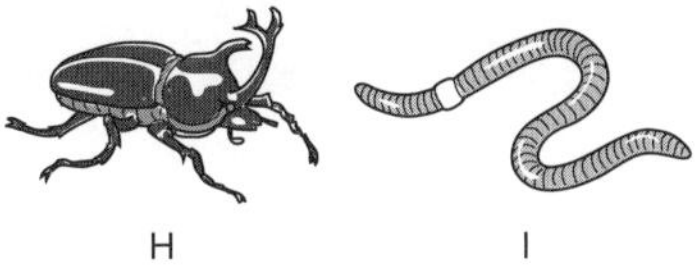

（4）Hのからだをおおっているかたい殻を何というか。

（　外　骨　格　）

（5）Hの属する，からだに節《ふし》のある動物グループを何というか。

（　節足動物　）

（6）からだに節がなく，内臓を外《がい》とう膜《まく》が包んでいる動物のグループを何というか。（　軟《なん》体《たい》動物　）

（7）次のア～カの動物を，①（5）に属するグループと②それ以外のグループの２つに分けよ。

①（　ウ，エ，カ　）　②（　ア，イ，オ　）

ア　ナマコ　　イ　ヒトデ　　ウ　アメリカザリガニ

エ　トノサマバッタ　　オ　ウニ　　カ　ミジンコ

3〔セキツイ動物の分類〕　下の表は，セキツイ動物を，からだのつくりや生活のしかたなどの特徴をもとに，グループ分けしたものである。表の中の①～⑤に適することばを答えよ。

	セキツイ動物				
子のうまれ方	卵生				①
移動のためのからだのつくり	ひれ	(幼生)ひれ (成体)あし	②		
呼吸のためのからだのつくり	③	(幼生)えら (成体)肺 皮《ひ》膚《ふ》	④		
体表	うろこ	しめった皮膚	うろこ	⑤	毛
なかま分け	魚類	両生類	ハチュウ類	鳥類	ホニュウ類

①（　胎　生　）
②（　あ　し　）
③（　え　ら　）
④（　肺　）
⑤（　羽　毛　）

単元1のキーワード

□分類《ぶんるい》　似た特徴をもつものを1つのグループにまとめ，いくつかのグループに分けて整理すること。

□子房《しぼう》　めしべのもとのふくらんだ部分。被子植物にはあるが，裸子植物にはない。

□胚珠《はいしゅ》　受粉ののちに種子になる部分。すべての種子植物にある。

□被《ひ》子《し》植物《しょくぶつ》　胚珠が子房の中にある植物。子房があるので果実ができる。
例）サクラ，サツキ，アブラナ

□裸《ら》子《し》植物《しょくぶつ》　胚珠がむき出しになっている植物。子房がないので果実はできず，種子がむき出しの状態でできる。花粉は胚珠に直接ついて受粉する。　例）マツ，イチョウ，セコイア，スギ

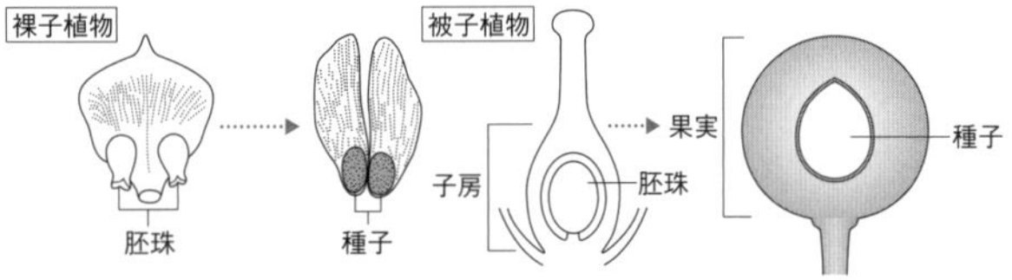

□種子植物　種子をつくる植物。被子植物も裸子植物も種子植物である。

□受粉　被子植物のめしべの柱頭や，裸子植物の胚珠に花粉がつくこと。

□果実　受粉すると，めしべの子房が成長してできる。

□種子　受粉後，胚珠が成長したもので，子孫をふやすためのもの。

被子植物の花のつくり

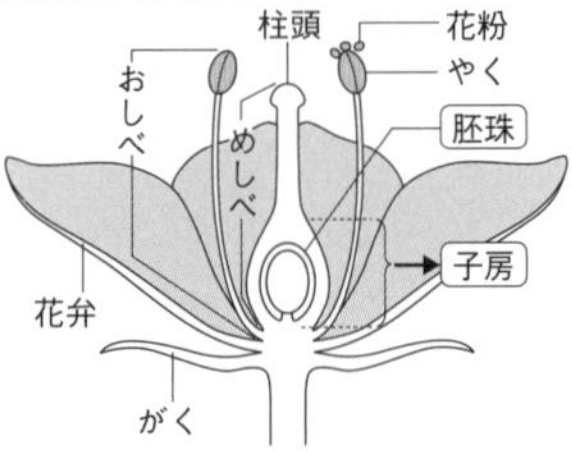

□葉脈	葉にあるたくさんの筋《すじ》。平行な葉脈と網目状《あみめじょう》の葉脈がある。 平行な葉脈………イネ，ササなど 網目状の葉脈……サクラ，ツバキなど
□ひげ根《ね》	葉脈が平行に通る植物がもつ，たくさんの細いひげ状の根。
□主根《しゅこん》と側根《そっこん》	葉脈が網目状に通る植物は，太い主根と，そこから枝分かれした細い側根をもつ。
□子葉《しよう》	種子ができるときに最初につくられる葉。
□単子葉類《たんしようるい》	被子植物のうち，子葉が１枚の植物。 特徴《とくちょう》……根はひげ根。葉脈は平行。
□双子葉類《そうしようるい》	被子植物のうち，子葉が２枚の植物。 特徴……根は主根と側根。葉脈は網目状。
□胞子《ほうし》	種子をつくらないシダ植物やコケ植物がつくる子孫をふやすためのもの。
□シダ植物	種子をつくらない植物のなかで，葉・茎《くき》・根の区別がある植物。
□コケ植物	種子をつくらない植物のなかで，葉・茎・根の区別がない植物。
□セキツイ動物	背骨がある動物。魚類，両生類，ハチュウ類，鳥類，ホニュウ類の５つのグループに分類できる。
□無セキツイ動物	背骨がない動物。
□卵生《らんせい》	親が卵《たまご》をうみ，卵から子がかえるうまれ方。
□胎生《たいせい》	母体内である程度育ってから子がうまれるうまれ方。
□節足動物《せっそくどうぶつ》	無セキツイ動物のなかで，からだやあしに節《ふし》があり，からだは外骨格でおおわれている動物。昆虫類《こんちゅうるい》や甲殻類《こうかくるい》などがある。
□外骨格《がいこっかく》	節足動物などで見られる，からだを支えたり保護したりするはたらきをもつ殻《から》のこと。
□軟体動物《なんたいどうぶつ》	無セキツイ動物のなかで，からだに節がない。内臓が外とう膜で包まれている動物。
□外《がい》とう膜《まく》	軟体動物にある，内臓を包んでいる筋肉でできた膜。

単元2 身のまわりの物質

第1章 身のまわりの物質とその性質

1 物の調べ方

教 p.76〜p.77

要点

- **物体《ぶったい》**　コップ，ペットボトル，フライパンなど，物の外観に注目したときのいい方。
- **物質《ぶっしつ》**　物を形づくっている材料に注目したときのいい方。

■ 物質の調べ方の例

- 手ざわりやにおいのちがいを調べる。

  むやみに手でさわったり，なめたりしない。

- 電気を通すか，磁石につくかを調べる。

  豆電球，乾電《かんでん》池《ち》，磁石を使う。

- 質量や体積をはかる。

  てんびんやメスシリンダーを使う。

- 水に入れたときのようすを調べる。

  とけるか，浮くかなど。

- 熱したときのようすを調べる。

  色が変わる，とける，なくなるなど。

- 薬品を使って調べる。

  どの薬品に反応するか。

▶物質の性質は，物質によって決まっているので，物質が何かを判断する手がかりになる。

2 金属と非金属

教 p.78～p.81

要点

- **金属光沢《きんぞくこうたく》**　金属をみがくと光る，特有のかがやき。
- 金属に共通の性質　金属光沢をもつ，電気をよく通す，熱をよく伝える，細くのびる（延性《えんせい》），うすく広がる（展性《てんせい》）など。
- **非金属《ひきんぞく》**　金属以外の物質。ガラス，木，ゴムなど。

実験1

身近なものが金属か金属でないかを区別するためには，どんなことを調べればよいだろう。

■ 金属の性質

みがくと金属光沢が見られる。

表面に塗装《とそう》やさびなどがある場合は，紙やすりなどでおとしてからみがく。

電気をよく通す。

導線は，調べる物をみがいてさびや塗装のない部分に当てる。

熱をよく伝える。

やかんやなべなどは，金属でできたものが多い。

細い線状にのびる。うすい板状に広がる。

引っ張ったり強い力でたたいたりすると，よくのびる。

3 さまざまな金属の見分け方

教 p.82～p.85

■ 密度

要点

- **質量《しつりょう》**　電子てんびんや上皿てんびんなどではかることができる物質そのものの量。
- **密度《みつど》**　物質の単位体積あたりの質量（ふつうは1 cm^3あたりの質量）。

密度

$$\text{物質の密度}〔g/cm^3〕=\frac{\text{物質の質量}〔g〕}{\text{物質の体積}〔cm^3〕}$$

実験2

物体の体積と質量から密度を求め，金属の種類を調べよう。

①電子てんびんや上皿てんびんで物体の質量をはかる。
②物体の体積をはかる。
③密度を求め，教科書P.82の表1と値《あたい》を見比べる。

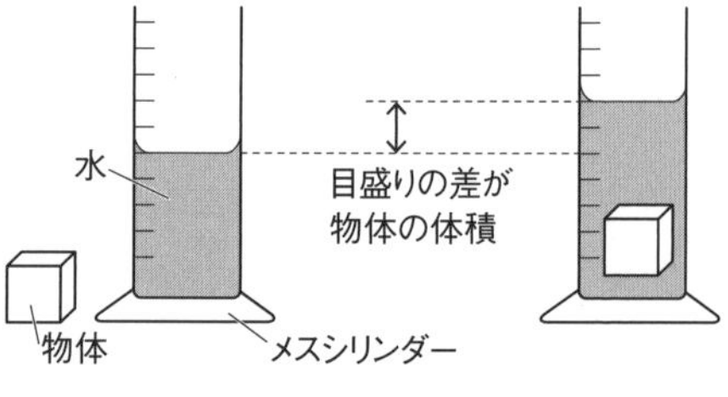

結論

- 密度を求めることで，金属の種類を推測することができる。

基礎操作　電子てんびんの使い方

教 p.84

①電子てんびんを水平なところに置き，電源を入れる。
②何ものせないときの表示を，0.0gや0.00gにする。
薬品をはかりとるときは，薬包紙《やくほうし》をのせてからもういちど，0.0gや0.00gにする。
③はかるものをのせていく。

基礎操作　上皿てんびんの使い方

教 p.84

①針のふれを確認する。

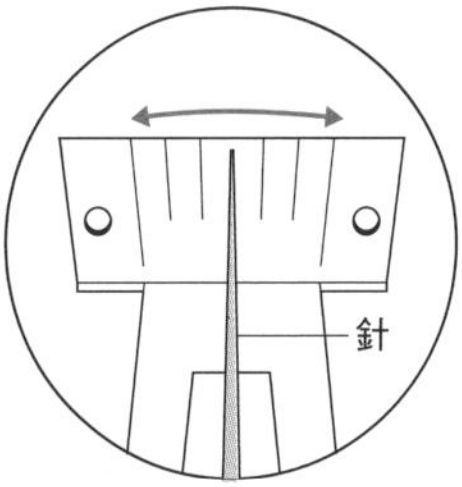

・まず，上皿てんびんを水平なところに置き，針が左右に等しくふれることを確認《かくにん》する。⇨等しくふれない場合は，調節ねじで等しくふれるように調節する。

②分銅をのせる。

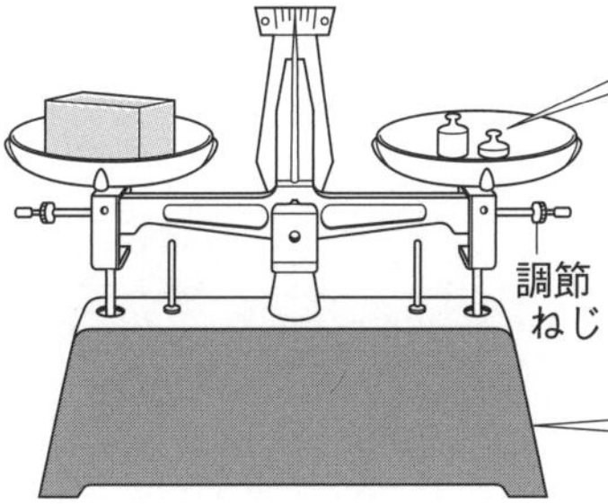

分銅《ふんどう》は，はかる物体より少し重いと思われるものからのせ，軽いものにかえていく。

水平な台の上に置く。

③物質の質量《しつりょう》をはかる。

分銅《ふんどう》が重過ぎたら，ひとつ小さい分銅ととりかえる。その分銅だけで軽い場合は，のせた分銅よりひとつ小さい分銅を加える。これをくり返してつり合わせてから，分銅の質量を合計する。

基礎操作　メスシリンダーの使い方

教 p.84

①メスシリンダーは，目的に合った容量のものを用意する。1目盛りの体積がいくらかを確かめておく。

②水平なところに置き，目の位置を液面と同じ高さにして，液面のいちばん平らなところの目盛りを1目盛りの$\frac{1}{10}$まで目分量で読みとる。

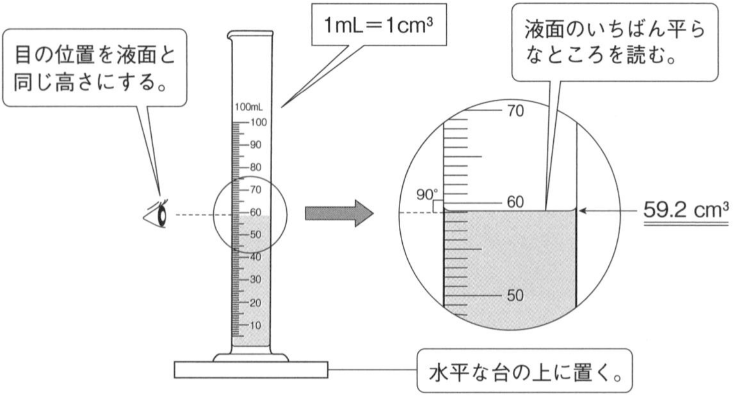

目の高さが液面とちがうと，正しく読めない。上から見ると大きく，下から見ると小さくなる。

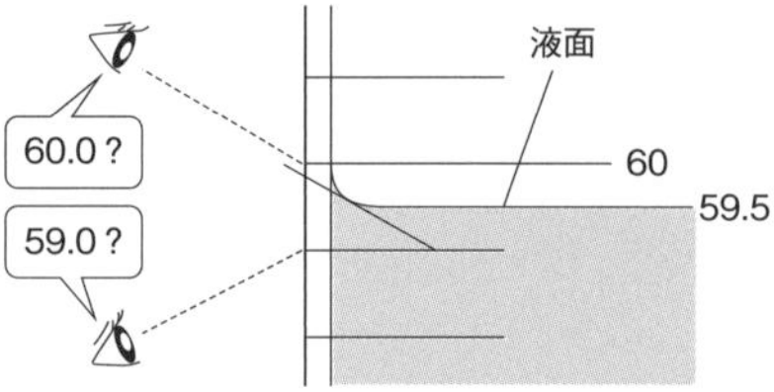

注　1目盛りの$\frac{1}{10}$まで読みとる。

いろいろな物質の密度（1 cm^3 あたりの質量（g））

•水の密度	水蒸気（100℃） 0.00060	<	氷（0℃） 0.92	<	水（4℃） 1.00
•金属の密度（約20℃）	アルミニウム 2.70	<	鉄 7.87	<	銅 8.96
•気体の密度（約20℃）	水 素 0.00008	<	酸 素 0.00133	<	二酸化炭素 0.00184

注　1．物質の密度は，物質ごとに決まっている。

2．密度の単位は，g/cm^3（グラム毎《まい》立方センチメートル）で表される。g/L（グラム毎リットル）は気体の密度を表すときに用いることがある。

■ 密度とうきしずみとの関係

液体の密度＞物体の密度 ⇨ 物体はうく

液体の密度＜物体の密度 ⇨ 物体はしずむ

液体中で物体がうくかしずむかは，液体と物体の密度の大小で決まる。水より密度の小さい氷は，水にうく。鉄でできたボルトとナットは，水にしずむが，鉄より密度の大きい水銀にはうく。

物体のうきしずみは，液体と液体，気体と気体の間でも起こる。これにも密度の大小が関係している。食用油が水にうくのは，水に比べて食用油の密度が小さいからである。

4 白い粉末の見分け方

教 p.86～p.92

基礎操作　ガスバーナーの使い方

教 p.87

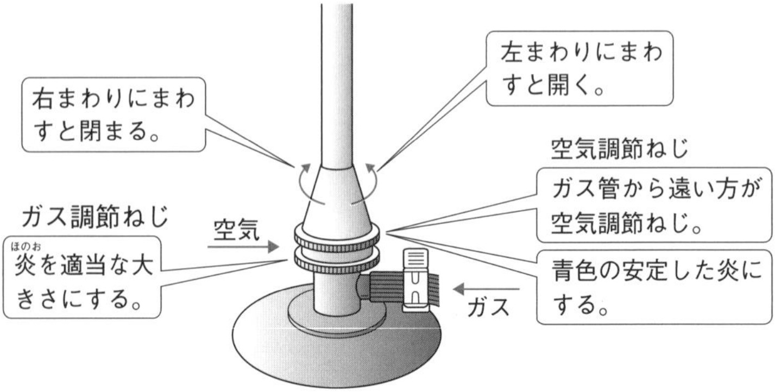

• 火のつけ方，炎の調節

2つのねじが閉まっているかを確かめてガスの元栓《もとせん》を開く。

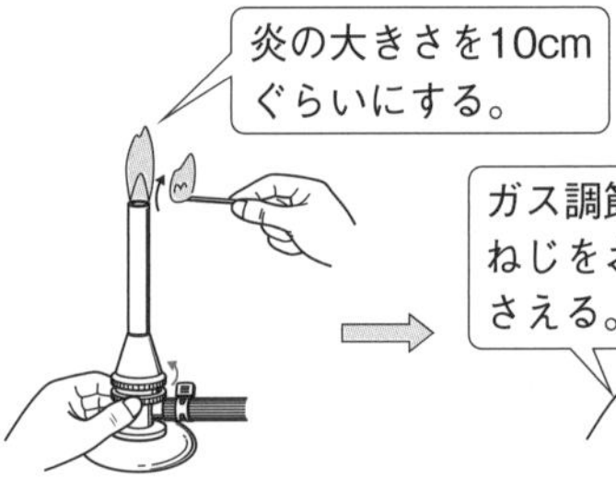

マッチに火をつけ，ガス調節ねじを少しずつ開いて点火する。

空気調節ねじだけを少しずつ開いて青色の炎にする。

• 火の消し方　※火のつけ方の逆を行う

空気調節ねじを閉める。

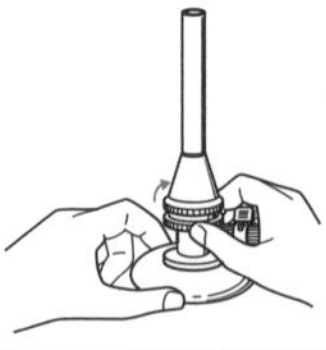

ガス調節ねじを閉めて火を消す。

元栓を閉じる。（コックつきの場合は，コックを先に閉じる。）

実験3

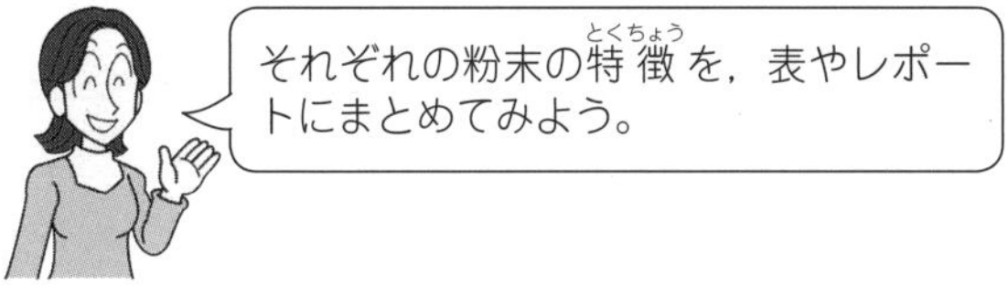

①色や粒《つぶ》のようす，手ざわりなどを調べる。⇨ルーペで見る。

②水に入れたときのようすを調べる。⇨とけるか，とけないか。

③熱したときのようすを調べる。⇨こげるかどうか。

結　果

白砂糖	
•水にとける。	•熱すると液体になってこげる。
グラニュー糖	
•水にとける。	•熱すると液体になってこげる。
食塩	
•水にとける。 •粒が立方体のような形。	•熱しても変わらない。
デンプン	
•水にとけないで，白くにごる。	•熱するとこげる。

■ 有機物と無機物

要点

● **有機物《ゆうきぶつ》**　炭素をふくむ物質（炭素や二酸化炭素は除く）。

例　プラスチック，砂糖，デンプンなど

● **無機物《むきぶつ》**　有機物以外の物質。　例　金属，食塩など

▶加熱したときに燃えて，二酸化炭素と水が発生する物質が有機物である。

一問一答 check!

□物の外観に注目したときのいい方を何というか。	物体
□物を形づくっている材料に注目したときのいい方を何というか。	物質
□金属は電気をよく通すか，通さないか。	通す
□金属をみがいたとき，金属の表面は光る。このかがやきを何というか。	金属光沢《こうたく》
□金属は熱をよく伝えるか，伝えないか。	伝える。
□金属以外の物質を，金属に対して何というか。	非金属
□単位体積あたりの質量を何というか。	密度
□水にうく物体の密度は，水よりも大きいか，小さいか。	小さい。
□上皿てんびんなどではかることのできる物質そのものの量を何というか。	質量
□上皿てんびんで薬品をはかりとるとき，左右の皿に何を置かなければならないか。	薬包紙《やくほうし》
□上皿てんびんで物質の質量をはかるとき，分銅《ふんどう》は重い方，軽い方のどちらから先にのせるか。	重い方
□上皿てんびんで物質の質量をはかるとき，分銅が軽すぎたら，のせた分銅よりひとつ小さい分銅を加えるか，大きい分銅を加えるか。	小さい分銅
□上皿てんびんは，針がどうなったときにつり合っているといえるか。	左右に等しくふれるとき
□図のAは何というか。	調節ねじ
□図のAは何を調節するのに使うか。	皿に何ものせていないときの左右のつり合い

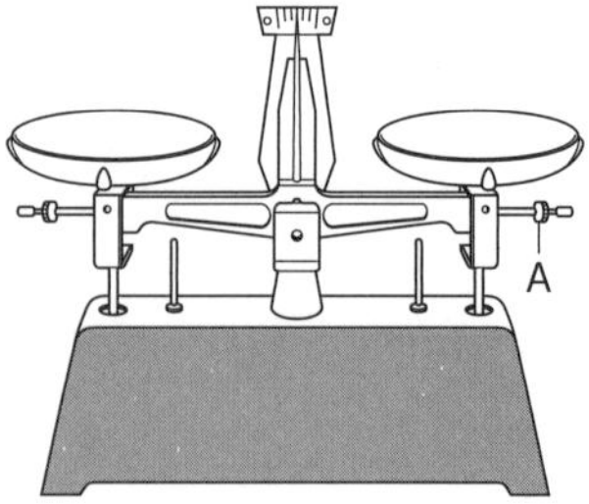

□メスシリンダーの，目盛りを読みとるときの液面の高さは，右の図のア～ウのどれが正しいか。

ウ

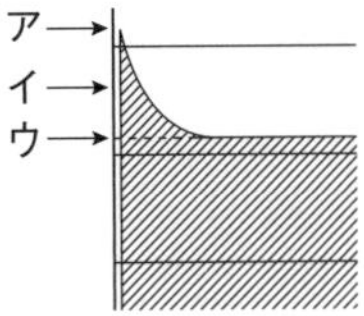

□ガスバーナーの図で，Aのねじを何というか。

空気調節ねじ

□Bのねじを何というか。

ガス調節ねじ

□火をつけるとき，先に開くねじはAとBのどちらか。

B

□炎《ほのお》の色が赤いとき，青い安定した炎にするにはAのねじを閉めるか，開くか。

開く。

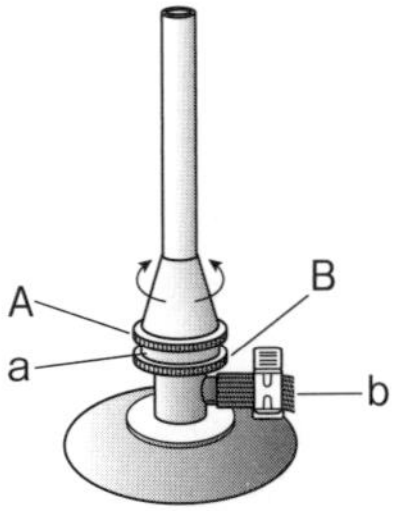

□火をつけるとき，マッチの火をつけるのとねじを開くのは，どちらが先か。

マッチの火をつける。

□火を消すときに，A，B，元栓《もとせん》はどの順番で閉めるか。

A，B，元栓の順

□空気の入り口はａ，ｂのどちらか。

ａ

□食塩とデンプンのうち，水に入れたときにとけないのはどちらか。

デンプン

□砂糖を熱するとどうなるか。

液体になってこげる。

□砂糖などのように，炭素をふくむ物質を何というか。

有機物《ゆうきぶつ》

□食塩などのように，有機物以外の物質を何というか。

無機物《むきぶつ》

□プラスチックは有機物か，無機物か。

有機物

□デンプンは有機物か，無機物か。

有機物

□アルミニウムは有機物か，無機物か。

無機物

これが出る! 定期テスト対策

1〔物体と物質〕 次のア～カを，物体の名前と物質の名前に分けよ。

ア フライパン　イ アルミニウム　ウ プラスチック
エ ペットボトル　オ 鉄　カ 10円玉

物体の名前（ ア，エ，カ ）
物質の名前（ イ，ウ，オ ）

2〔金属と非金属〕 下の囲みの中から，次の（1）～（4）に当てはまるものを全て選べ。同じものを何回選んでもよい。

（1）電気をよく通すもの　（ イ ， オ ）
（2）熱をよく伝えるもの　（ イ ， オ ）
（3）磁石につくもの　（ イ ）
（4）金属　（ イ ， オ ）

ア プラスチックの下じき	イ 鉄のなべ	ウ ガラス棒
エ 消しゴム	オ アルミ缶《かん》	カ CD
キ 木のつえ		

3〔金属の性質〕 鉄とアルミニウムを区別するときの方法として，適当なものを次のア～ウから1つ選べ。　（ イ ）

ア 水に入れたときのようすを観察する。
イ 磁石につくかどうかを調べる。
ウ 電気を通すかどうかを調べる。

4〔密度〕 次の式の（①），（②）に入る語句を答えよ。

$$\text{物質の密度}〔\mathrm{g/cm^3}〕=\frac{\text{物質の（①）}〔\mathrm{g}〕}{\text{物質の（②）}〔\mathrm{cm^3}〕}$$

①（ 質 量 ）
②（ 体 積 ）

5〔上皿てんびんの使い方〕 上皿てんびんの使い方について，次の問いに答えよ。

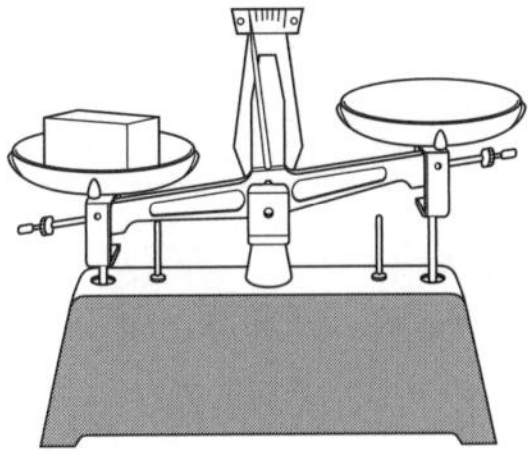

（1）右の図のように，左の皿に質量が40 g程度と予想される物体をのせた。このとき，まず右の皿にのせる分銅《ふんどう》は，次のうちどの質量のものがよいか。

ア　50 g　　イ　20 g　　ウ　10 g

（　ア　）

（2）次の文章は，（1）で分銅をのせた後にとるべき方法を説明したものである。（　　）に入る適当なものを次のア～ウから1つずつ選べ。

右の皿にのせた分銅が重過ぎたら，（　　）の分銅ととりかえる。

ア　50 g　　イ　20 g　　ウ　10 g

（　イ　）

6〔メスシリンダーの使い方〕 100cm^{3}用のメスシリンダーに水を入れると，水面が右の図のようになった。水の体積として正しいものを，次のア～ウから1つ選べ。

ア　52.0cm^{3}　　イ　52.5cm^{3}　　ウ　58.0cm^{3}

（　ア　）

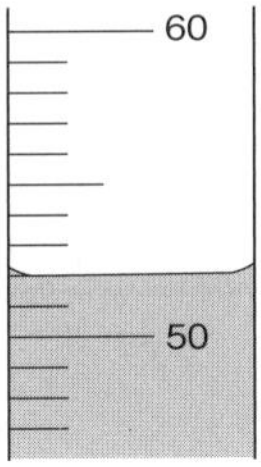

7〔ガスバーナーの使い方〕 右下の図のようなガスバーナーについて，次の問いに答えよ。

（1）空気を調節するねじは，A，Bのどちらか。（　A　）

（2）ねじを開くとき，ねじをまわす向きは①，②のどちらか。

（　①　）

（3）次のア～オを並べかえて，ガスバーナーに火をつける正しい手順を示せ。（　ウ→ア→エ→オ→イ　）

ア　ガスの元栓《もとせん》を開く。　　イ　Aのねじを開く。

ウ　A，B 2つのねじが閉まっているか，確かめる。

エ　マッチの火をつける。　　オ　Bのねじを開く。

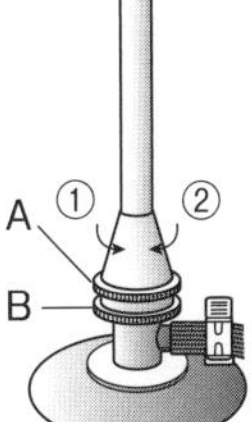

单元2 身のまわりの物質

第2章 気体の性質

1 身のまわりの気体の性質

教 p,94～p.97

実験4

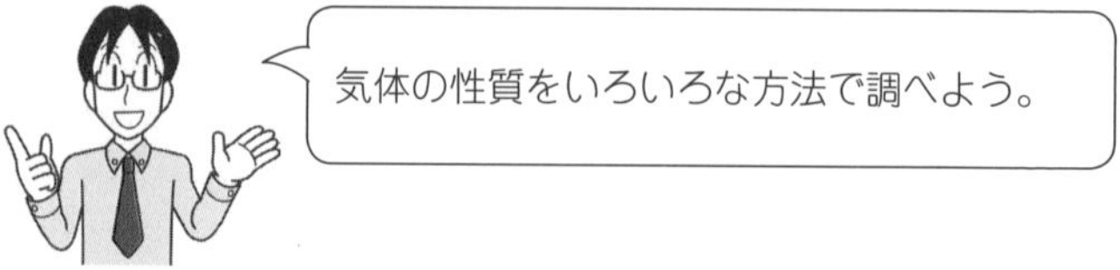

■ 気体の性質と発生方法

酸素

発 生 方 法　二酸化マンガンにオキシドール（うすい過酸化水素水）を加える。

集　め　方　水と置きかえて集める。

性　　　質
- 水にとけにくい。
- ほかの物質を燃やすはたらきがある（酸素を入れた試験管の中に，火のついた線香《せんこう》を入れると，線香は激しく燃える）。
- 酸素そのものは燃えない。
- 無色，無臭《むしゅう》の気体である。

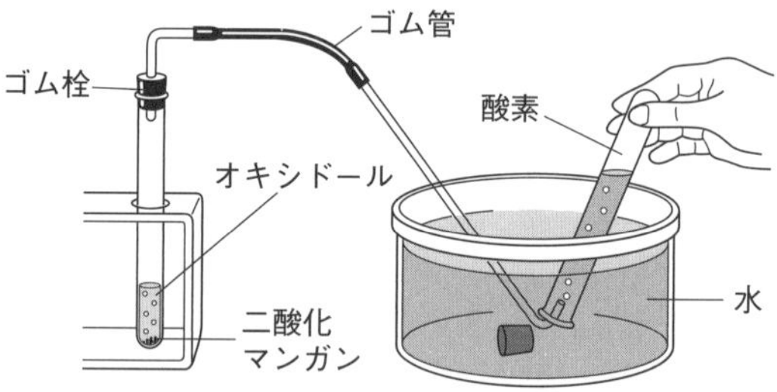

注　はじめに出てくる気体は，試験管の中の空気を多くふくむため，しばらくしてから気体を集める。

二酸化炭素

発生方法　石灰石《せっかいせき》や貝がらに塩酸を加える。

集め方　直接集気びんで集めるか，水と置きかえて集める。

性質
- 空気より密度が大きい（同体積の空気の1.53倍）。
- 水に少ししかとけない。とけると酸性を示す。
- 石灰水《せっかいすい》を白くにごらせる。
- 無色，無臭の気体である。

水素

発生方法　鉄や亜鉛《あえん》などの金属に，うすい塩酸や硫酸《りゅうさん》を加える。

集め方　水と置きかえて集める。

性質
- 物質のなかでいちばん密度の小さい物質（気体）。
- 水にとけにくい。
- 火をつけると空気中で音を出して燃えて水になる。
- 無色，無臭の気体である。

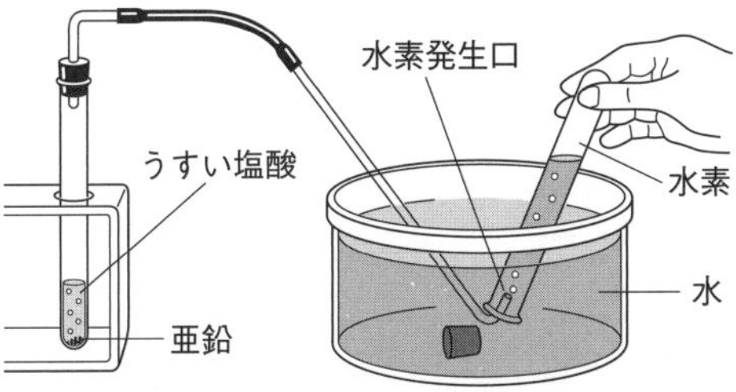

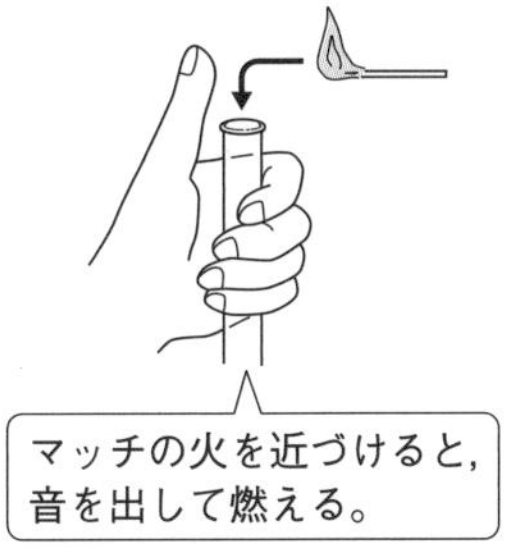

窒素《ちっそ》

性質
- 空気中に体積の割合で約$\frac{4}{5}$ふくまれている。
- 空気よりわずかに密度が小さい。
- 無色，無臭の気体である。
- 水にとけにくい。
- ふつうの温度では反応しにくい気体である。

2 気体の性質と集め方

教 p.98～p.102

アンモニアの発生方法と性質

発生方法　• アンモニア水を弱火で加熱する。
　　　　　• 塩化アンモニウムと水酸化カルシウムを混ぜたものを加熱する。

集め方　上方《じょうほう》置《ち》換法《かんほう》

性質　• 空気より密度が小さい。
　　　• 非常に水にとけやすい（水溶液《すいようえき》はアルカリ性を示す）。
　　　• 鼻をさすような特有の刺《し》激《げき》臭《しゅう》がある。

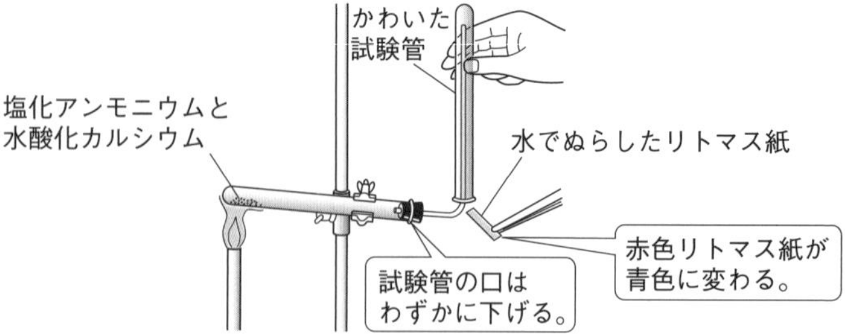

■ 気体の性質と集め方

<table>
<tr><td colspan="2">水にとけやすい気体</td><td rowspan="2">水にとけにくい気体</td></tr>
<tr><td>空気より密度が
小さい気体</td><td>空気より密度が
大きい気体</td></tr>
<tr><td>上方置換法
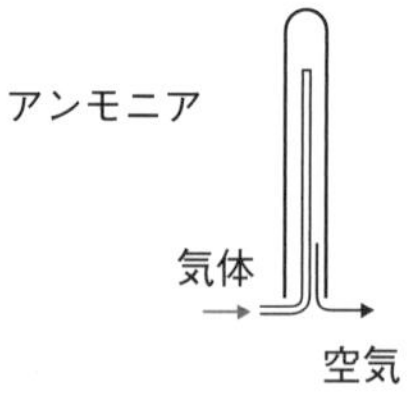
</td><td>下《か》方《ほう》置《ち》換法《かんほう》
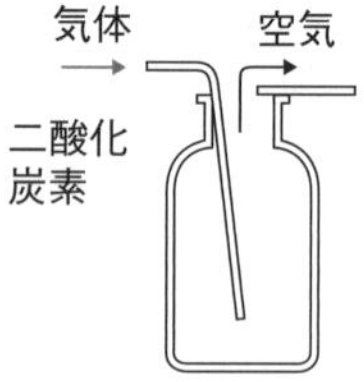
</td><td>水上《すいじょう》置《ち》換法《かんほう》
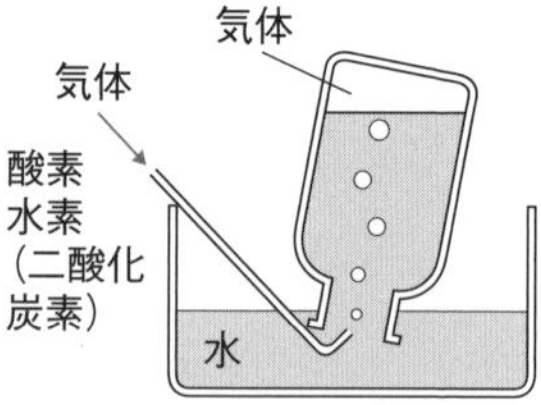
</td></tr>
</table>

一問一答check!

□二酸化マンガンに，オキシドールを加えると発生する気体は何か。	酸素
□酸素は燃えるか。	燃えない。
□酸素はどのような方法で集めることができるか。	水上置換法
□石灰石《せっかいせき》にうすい塩酸を加えると発生する気体は何か。	二酸化炭素
□石灰水《せっかいすい》に二酸化炭素を通すと，石灰水はどのように変化するか。	白くにごる。
□二酸化炭素は，下方置換法でも集めることができるが，これは二酸化炭素のどのような性質を利用しているか。	空気より密度が大きい性質。
□二酸化炭素は，下方置換法のほかに，どのような方法で集めることができるか。	水上置換法
□亜鉛《あえん》にうすい塩酸を加えると発生する気体は何か。	水素
□水素は物質の中で，いちばん密度の大きい物質か，それとも小さい物質か。	小さい物質
□水素は水上置換法で集めることができるが，これは水素のどのような性質を利用しているか。	水にとけにくい性質。
□空気中に体積の割合で約$\frac{4}{5}$ふくまれる気体は何か。	窒素
□窒素の密度は空気よりわずかに大きいか，それとも小さいか。	小さい。
□窒素の水へのとけやすさは，とけやすいか，とけにくいか。	とけにくい。
□塩化アンモニウムと水酸化カルシウムを混ぜたものを熱すると発生する気体は何か。	アンモニア
□アンモニアは無《む》臭《しゅう》か，それともにおいがあるか。	においがある。
□アンモニアはどのような方法で集めることができるか。	上方置換法
□アンモニアが水にとけると，酸性を示すか，アルカリ性を示すか。	アルカリ性

これが出る! 定期テスト対策

1〔気体の発生方法〕 (1)～(3)で発生する気体は何か。

(1) 亜鉛《あえん》にうすい塩酸を加える。 (水　素)

(2) 石灰石《せっかいせき》にうすい塩酸を加える。 (二酸化炭素)

(3) アンモニア水を加熱する。 (アンモニア)

2〔気体の発生方法と性質〕 右の図のような装置で酸素を発生させた。

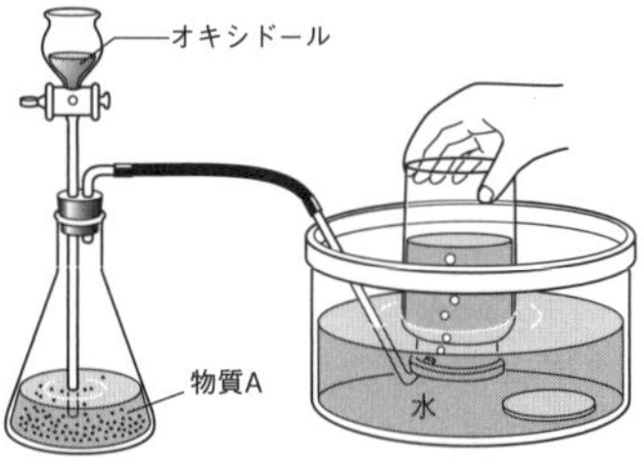

(1) 物質Aは何か。

(二酸化マンガン)

(2) 図のような気体の集め方を何というか。 (水上置換法《すいじょうちかんほう》)

(3) (2)の方法で集めることができるのは，酸素にどんな性質があるからか。 (水にとけにくい性質)

3〔気体の性質と集め方〕 下の表のA～Dは酸素，二酸化炭素，水素，アンモニアのいずれかである。

	A	B	C	D
気体の集め方	下方置換法《かほうちかんほう》	水上置換法	①	水上置換法
気体のにおい	②	ない	ある	ない
水へのとけ方	少しとける	③	とけやすい	とけにくい
空気と比べた密度	大きい	少し大きい	小さい	④

(1) A～Dに当てはまる気体名を書け。

A(二酸化炭素)　B(酸　素)

C(アンモニア)　D(水　素)

(2) 表の①～④に当てはまる語句を書け。

①(上方置換法《じょうほうちかんほう》)　②(な　い)

③(とけにくい)　④(とても小さい)

単元2 身のまわりの物質

第3章 水溶液の性質

1 物質が水にとけるようす

教 p.104～p.109

基礎操作 ろ過のしかた

要点

● **ろ過《か》** ろ紙などを使って，粒《りゅう》子《し》の大きさによって物質または液体と液体にとけない物質を分ける方法。

図解でチェック!

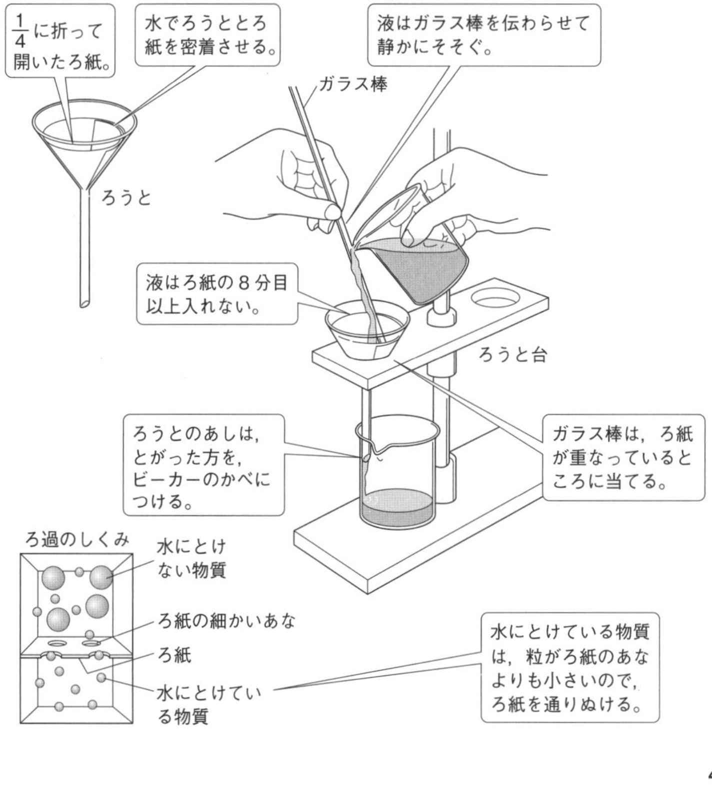

要点

- 物質がとけた液体は透明《とうめい》(色のついたものもある)。
- とかす前ととかした後の全体の質量は変わらない。
- 長い間置いても，水溶液《すいようえき》のこさはどの部分も同じ。

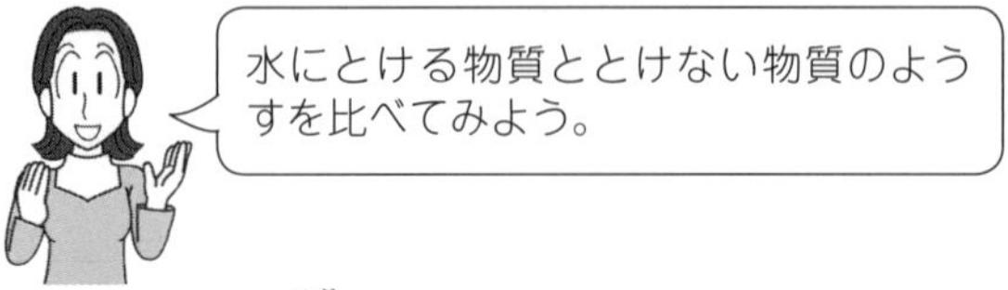

- コーヒーシュガーの茶色い粒《つぶ》は, 水にとけて透明(有色透明)な液になったが, デンプンは水に入れても白くにごり, そのうち底にしずんでしまった。
- かき混ぜる前と後での質量の変化はどちらもなかった。
- ろ過した液にコーヒーシュガーは入っていたが，デンプンは入っていなかった。

水にとける砂糖の粒子のモデル

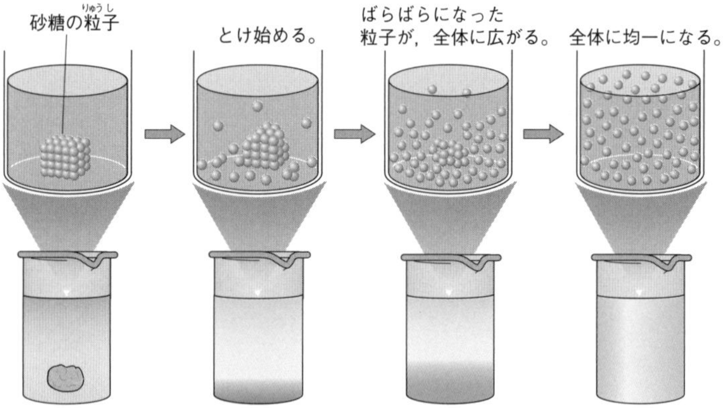

■ 水溶液

要点

- **溶質《ようしつ》**　液体（水など）にとけている物質。

  例　砂糖水　→　砂糖

- **溶媒《ようばい》**　溶質をとかす液体。

  例　砂糖水　→　水

- **溶液《ようえき》**　溶質が溶媒にとけた液全体。
- **水溶液《すいようえき》**　溶媒が水である溶液。

最重要！

▶溶液＝溶媒（とかす液体）＋溶質（とけている物質）

■ 純粋な物質と混合物

要点

- **純粋《じゅんすい》な物質《ぶっしつ》（純物質《じゅんぶっしつ》）**　1種類の物質でできている物。

  例　水，ブドウ糖，酸素，二酸化炭素など

- **混合物《こんごうぶつ》**　いくつかの物質が混じり合った物。

  例　砂糖水，炭酸飲料など

注　ブドウ糖は，食品などにふくまれている。

純粋な物質で混合物をつくる

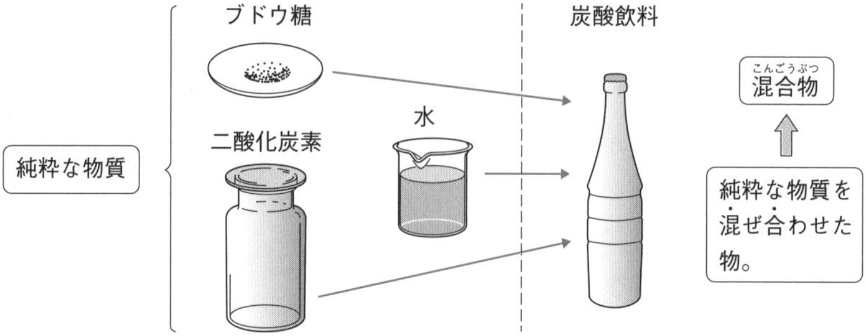

■ 溶液の濃度

- 溶液にとけている溶質《ようしつ》の割合を溶液のこさ(**濃度《のうど》**)という。
- 溶質の質量が溶液全体の質量の何パーセントかで表した濃度 ⇨ **質量《しつりょう》パーセント濃度《のうど》**

最重要!

$$\text{質量パーセント濃度〔\%〕}=\frac{\text{溶質の質量〔g〕}}{\text{溶液の質量〔g〕}}\times 100$$

$$=\frac{\text{溶質の質量〔g〕}}{\text{溶質の質量〔g〕}+\text{溶媒の質量〔g〕}}\times 100$$

例　100 gの水に25 gの砂糖をとかすと,

溶質の質量 = 25 g

溶液の質量 = 溶質の質量 + 溶媒の質量

= 25〔g〕+ 100〔g〕= 125〔g〕

よって，溶液の質量パーセント濃度は

$$\frac{25\text{〔g〕}}{125\text{〔g〕}}\times 100 = 20\text{〔\%〕}$$

2 溶解度と再結晶

教 p.110～p.116

実験5

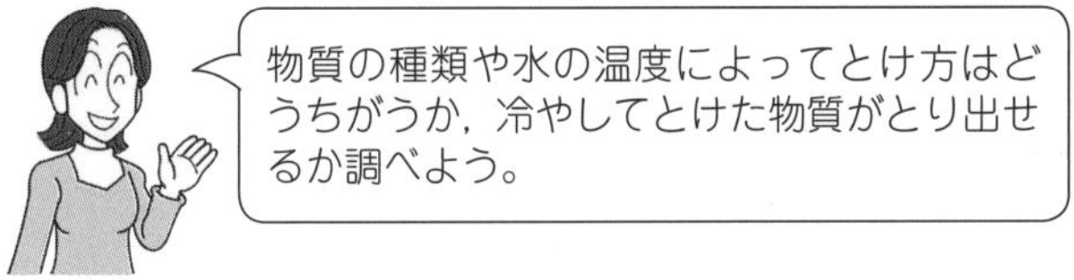

図解でチェック!

A，Bの試験管に，食塩3.0gと硝酸《しょうさん》カリウム3.0gをそれぞれとり，水を5 $\mathrm{cm^3}$ (5.0g) ずつ入れて，よくふり混ぜる。

加熱するときの注意

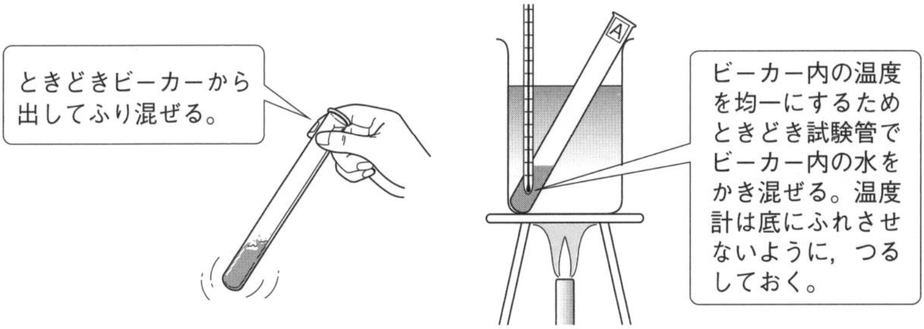

結　論

	A(食塩)	B(硝酸カリウム)
水を入れたとき	とけ残った。	
熱したとき	とけ残った。	全てとけた。
冷やしたとき	変化がない。	固体が現れた。
蒸発させた後	四角い固体が見えた。	針状の固体が見えた。

■ 溶解度と溶解度曲線

要点

● **結晶《けっしょう》**　いくつかの平面で囲まれた規則正しい形をしている固体。物質によって形が決まっている。

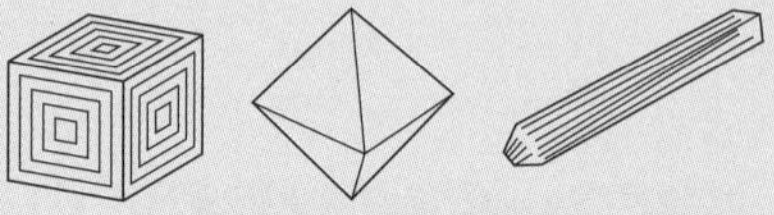

食塩　　ミョウバン　　硝酸《しょうさん》カリウム

● **飽和水溶液《ほうわすいようえき》**　物質がそれ以上とけることができない水溶液。

● **溶解度《ようかいど》**　ある物質を100 gの水にとかして飽和水溶液にしたとき，とけた物質の質量。

● **溶解度曲線《ようかいどきょくせん》**　水の温度に対する溶解度をグラフに表したもの。

物質の溶解度

- 硝酸カリウム……高い温度の水にとける量が多く，低い温度ではとける量が少ない。
- 食塩……温度によってとける量があまり変わらない。

最重要！

▶物質によって，一定量の水にとける量はちがう。

注　一般に，固体の物質は水の温度が高くなると，とける量はふえるが，ふえ方は物質によって異なる。

図解でチェック!

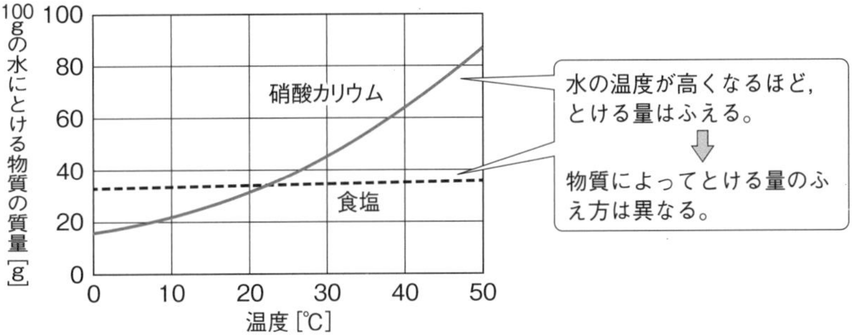

■ 再結晶

再結晶《さいけっしょう》　固体の物質をいったん水にとかし，溶解度の差を利用して再び結晶としてとり出すこと。

50℃の水100 gに硝酸カリウムをとけるだけとかす。

⇩

水の温度を20℃まで下げる。

⇩

結晶が生じたら，ろ過して結晶をとり出す。

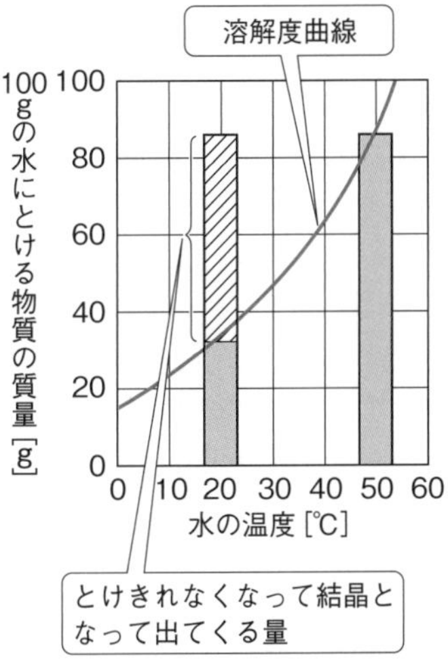

⇩

硝酸カリウムが100 gの水にとける量は，20℃では約32 g，50℃では約85 g。
→85 − 32 = 53　約53 gの結晶が出てくる。一般的に，再結晶を利用することで，少量の不純物をふくむ物質から，結晶となった純粋《じゅんすい》な物質を得ることができる。

注　食塩は温度によってとける質量がほとんど変わらないので，飽和水溶液の温度を下げても結晶は少ししか出てこない。よって，食塩の場合は水を蒸発させることによって結晶をとり出す。

一問一答 check!

□コーヒーシュガーを水にとかして長時間置くと，部分によってこさは変わるか，それとも均一のままか。	均一のまま
□完全に水にとけた砂糖の粒《つぶ》は目で見ることができるか。	できない。
□水にとけた砂糖の粒は，ろ紙の細かいあなを通ることができるか。	できる。
□食塩水の中の食塩のように，水にとけている物質を何というか。	溶質
□食塩水の水のように，物質をとかしている液体を何というか。	溶媒《ようばい》
□食塩水のように，物質がとけた液全体を何というか。	溶液《ようえき》
□溶媒が水の溶液を何というか。	水溶液《すいようえき》
□溶媒，溶液，溶質の関係で正しいものはどれか。 ア　溶媒＝溶液＋溶質 イ　溶液＝溶媒＋溶質 ウ　溶質＝溶媒＋溶液	イ
□１種類の物質でできている物質を何というか。	純粋《じゅんすい》な物質 (純物質)
□いくつかの物質が混じり合った物を何というか。	混合物
□溶質の質量が溶液全体の質量の何％にあたるかで表した濃度《のうど》を何というか。	質量パーセント濃度
□いくつかの平面で囲まれた規則正しい形をした固体の物質を何というか。	結晶《けっしょう》
□物質がそれ以上とけることのできない水溶液を何というか。	飽和《ほうわ》水溶液
□100 g の水に物質をとかして，飽和水溶液にしたとき，とけた物質の質量を何というか。	溶解度《ようかいど》
□固体の物質をいったん水にとかし，再び結晶としてとり出す方法を何というか。	再結晶

□水の温度が高くなると，硝酸《しょうさん》カリウムの溶解度はどのように変化するか。

大きくなる。

□物質の溶解度を表す右のグラフで，硝酸カリウムと食塩はａ，ｂのどちらか。

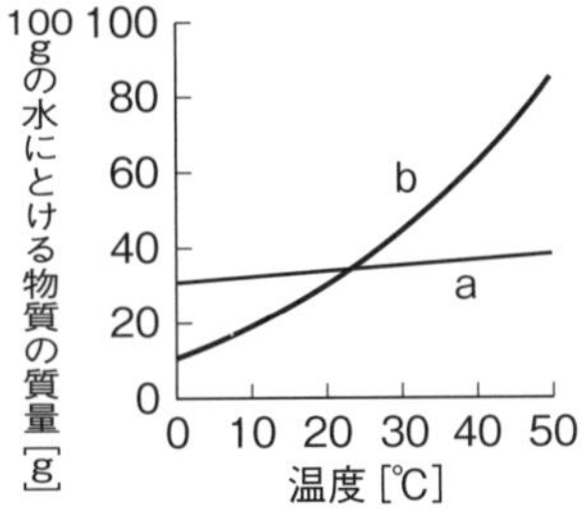

硝酸カリウム…ｂ
食塩…ａ

□飽和水溶液の温度を下げて結晶をとり出すとき，硝酸カリウムと食塩ではどちらがより多く結晶をとり出せるか。

硝酸カリウム

□硝酸カリウムは100 gの水に，20℃で32 g，60℃で109 gとける。60℃の飽和水溶液209 gを20℃に冷やすと，硝酸カリウムの結晶は何 g出てくるか。

77 g

これが出る！ 定期テスト対策

1〔水にとける物質のようす〕 コーヒーシュガーを水に入れて，とけるようすを観察した。

（1）コーヒーシュガーが水にとけるとどんな色の水溶液になるか。

（ 茶色の透明《とうめい》 ）

（2）コーヒーシュガーを水に完全にとかして水溶液全体を同じこさにした後，1日置くと，こさはどうなるか。

（ 変わらない ）

2〔純粋な物質と混合物〕 次のア～キを，純粋な物質と混合物に分けよ。

ア ブドウ糖　イ 水　ウ 食塩　エ 食塩水
オ 二酸化炭素　カ 空気　キ 牛乳

純粋な物質（ ア，イ，ウ，オ ）　混合物（ エ，カ，キ ）

3〔溶液の濃度〕　410 g の水に砂糖を90 g とかした水溶液《すいようえき》A がある。

（1）水溶液A の質量パーセント濃度《のうど》は何%か。　（　18%　）

（2）質量パーセント濃度が15%の砂糖水200 g をつくるには，砂糖と水は何 g ずつ必要か。

砂糖（　30 g　）

水（　170 g　）

4〔結晶・溶解度と再結晶〕　表は，100 g の水にとける食塩と硝酸《しょうさん》カリウムの質量を温度別に示したものである。

水の温度[℃]	20	30	40	50
食塩[g]	35	36	36	36
硝酸カリウム[g]	32	45	64	85

（1）40℃の水100 g に食塩を50 g 入れた。このときとけ残るのは何 g か。

（　14 g　）

（2）このときの食塩水のように，これ以上とけなくなるまで物質をとかした水溶液を何というか。　（　飽和《ほうわ》水溶液　）

50℃の水100 g に硝酸カリウムを50 g とかした。この溶液をA とする。

（3）硝酸カリウムはあと何 g とかすことができるか。　（　35 g　）

（4）溶液A を40℃まで冷やしたとき，溶液は変化するか，変化しないか。

（　変化しない　）

溶液A を20℃までゆっくりと冷やしたところ，いくつかの平面で囲まれた規則正しい形をした固体がたくさん出てきた。

（5）この出てきた固体を何というか。　（　結《けっ》　晶《しょう》　）

（6）このように，いちど水にとかした固体を，再び固体としてとり出すことを何というか。　（　再　結　晶　）

（7）このときに出てくる固体は何 g になるか。　（　18 g　）

単元２ 身のまわりの物質

第4章 物質の姿と状態変化

1 物質の状態変化

教 p.118〜p.119

■ 状態変化

要点

- 物質の状態　物質には固体，液体，気体の状態がある。
- **状態変化**《じょうたいへんか》　温度によって物質の状態が変わること。

- 食塩や鉄なども，熱して高温にすると液体になり，さらに熱すると気体に状態が変化する。
- 酸素や窒素《ちっそ》などの気体は，温度を下げていくと，気体→液体→固体と状態が変化する。

物質の状態変化のモデル図

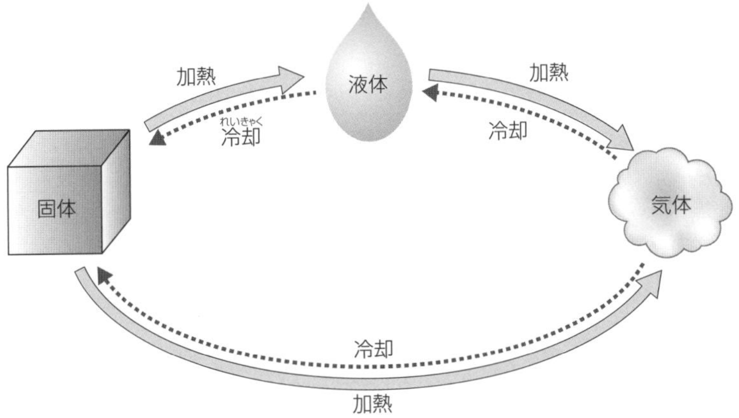

注　物質によっては，直接，固体から気体に，あるいは，気体から固体に変化する物もある。

例：ドライアイス（固体）⇆二酸化炭素（気体）

2 物質の状態変化と体積・質量の変化

教 p.120～p.125

実験6

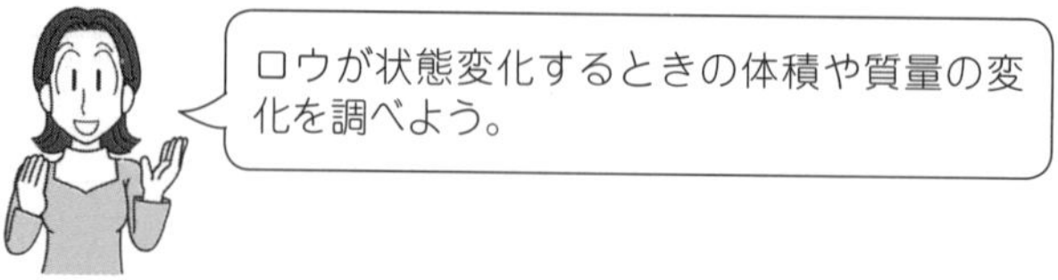

結　果

- 体積は小さくなる。
- 質量は変化しない。

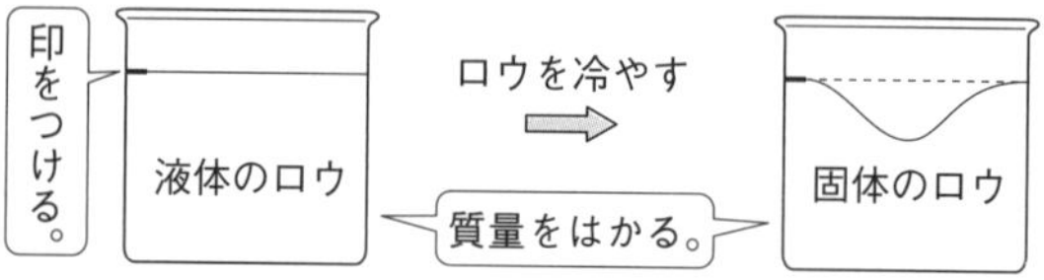

■ 固体⇄液体の変化と粒子のモデル

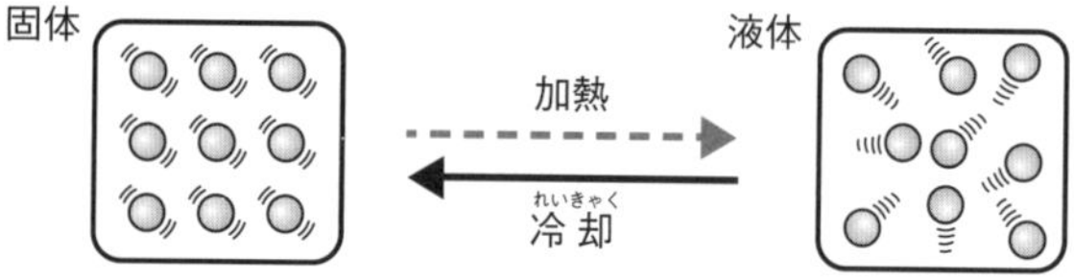

固体→液体の変化で，粒子《りゅうし》の運動が激しくなり，粒子と粒子の間が広がって体積は大きくなる。しかし，粒子数は同じなので質量は変わらない。

■ 液体⇄気体の変化と粒子のモデル

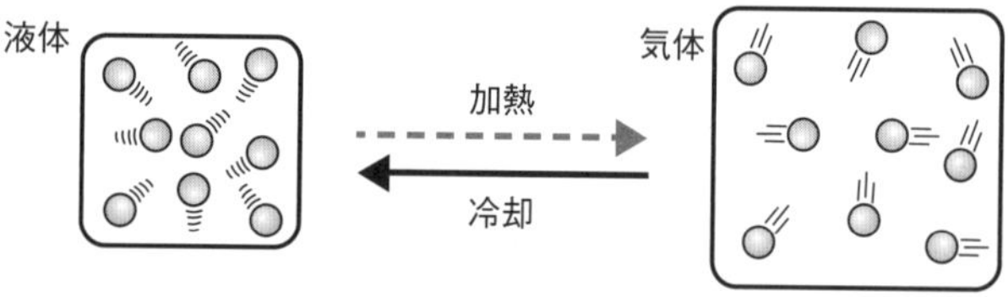

液体→気体の変化で，粒子の運動は激しさを増し，粒子と粒子の間がさらに広がって，体積は飛躍的《ひやくてき》に大きくなる。しかし，粒子数は同じなので質量は変わらない。

■ 状態変化の粒子のモデル

物質が状態変化(固体⇄液体⇄気体)するときの粒子の運動モデル

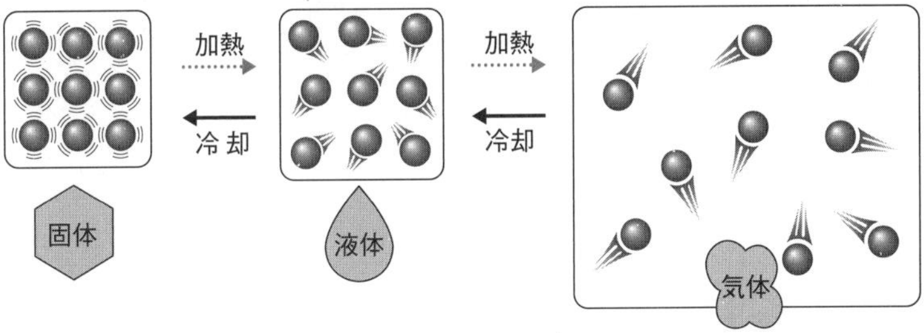

- 状態変化では，物質の状態や体積は変化するが，粒子の数そのものは変化しないので，質量は変化しない。
- また，物質が別の物質に変化したり，なくなったりすることはなく，熱したり冷やしたりすることで，何回でももとの状態にもどすことができる。

発展｜高校　粒子の結びつきと温度による粒子の運動の変化

☆固体：粒子と粒子がしっかり結びつき，すきまが小さい。

加熱↓↑冷却(教室で決まった位置に座っている状態)

☆液体：固体のときより，粒子と粒子の結びつきが少し弱まった状態。

加熱↓↑冷却(休み時間の教室内で，自由に生徒が移動できる状態)

☆気体：粒子間の結びつきはほとんどなく，すきまが大きい状態。

(放課後の，自由に教室を出入りしている状態)

■ 水の状態変化における質量と体積

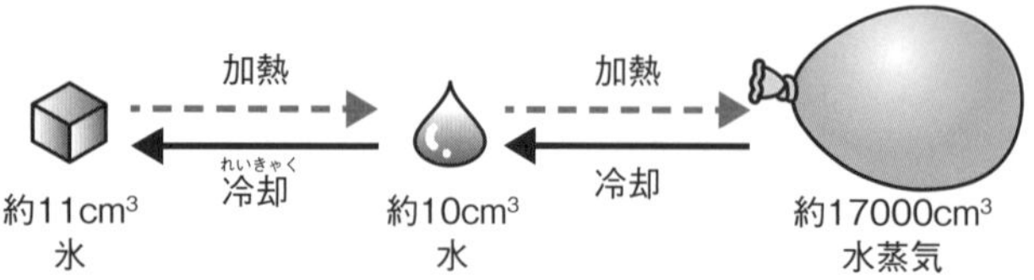

• 状態変化をしても質量は変化しない。
• 水は液体から固体に変化すると，体積が大きくなり，密度が小さくなる。

最重要!

▶物質の状態変化では，体積は変化するが，質量は変化しない。
▶物質の状態変化では，物質の状態は変化するが，その物質が別の物質に変化したり，なくなったりすることはない。
▶状態変化した物質は，熱したり冷やしたりすることで，何回でももとの状態にもどすことができる。

3 状態変化が起こるときの温度と蒸留

教 p.126～p.133

要点

●物質によってとける（固体から液体になる）温度と，沸騰《ふっとう》する（液体から気体になる）温度は決まっている。

水の温度変化と状態変化

• 氷を熱していくと，0℃でとけ始め，とけ終わるまで温度は0℃のままである。さらに熱すると，約100℃で沸騰が始まり，沸騰している間は，熱し続けても温度は上がらず，約100℃のままである。

調べよう

エタノールをあたためて，エタノールが沸騰する温度を調べよう。

図解でチェック！

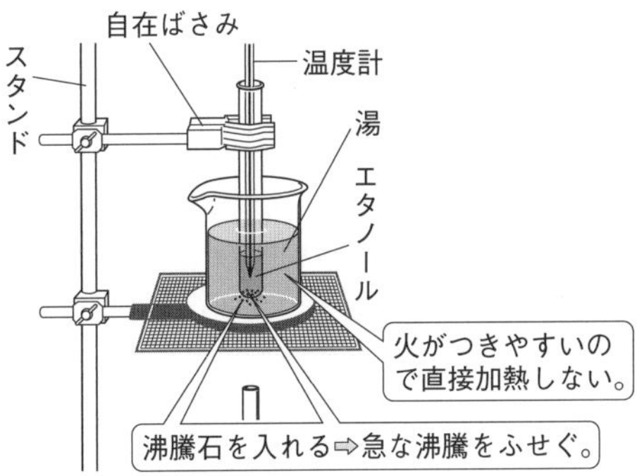

①試験管に沸騰石《ふっとうせき》を2，3個入れてから，エタノールを試験管の$\frac{1}{5}$ほどまで入れる。

②ビーカーに入れた水が沸騰したら，熱するのをやめ，その中に①の試験管を入れ，エタノールの温度を1分ごとにはかる。

③時間ごとの温度変化の測定値を•で表し，曲線や直線を引く。

基礎操作　グラフのかき方

①横軸《じく》・縦軸を作成する。横軸には「変化させた量」，縦軸には「変化した量」を記すように，見出しと単位を書く。

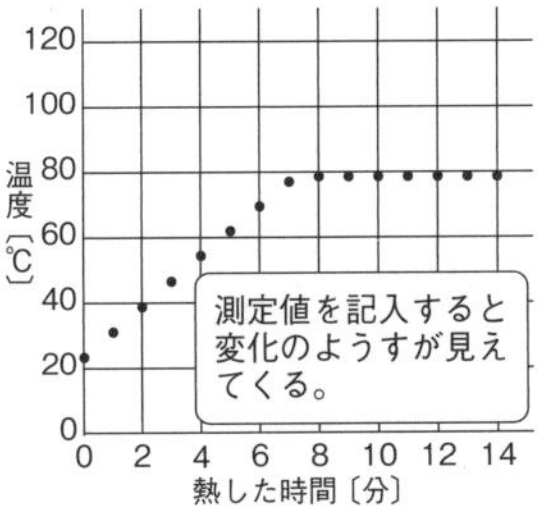

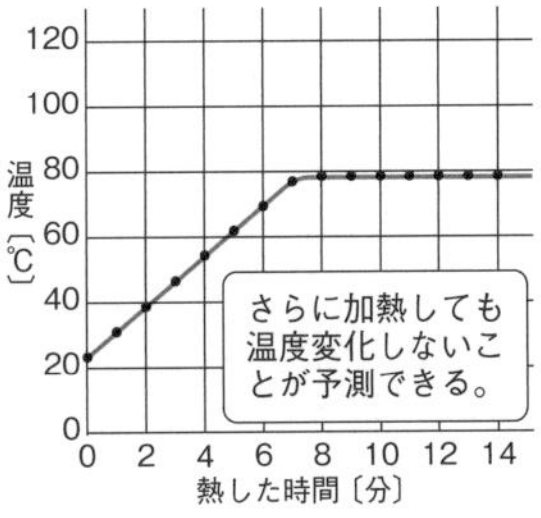

②目盛りに合うように，測定値を•や×で正確に記入する。

③②でかいた測定値のなるべく近くを通るように，なめらかな曲線または直線を引く。

結　果

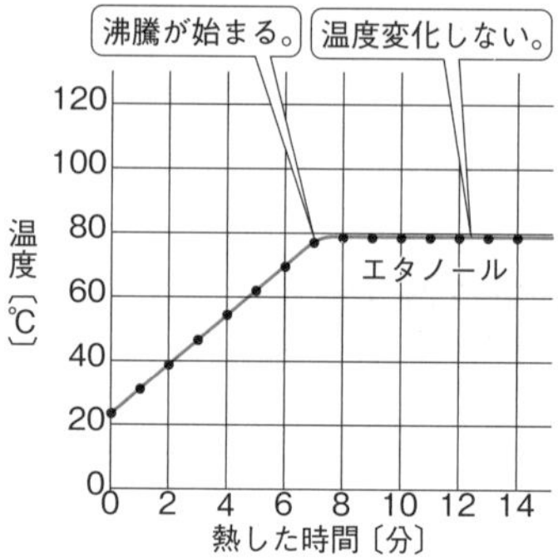

グラフの利点

- ２つの測定値の間の関係が，わかりやすくなる。
- 変化のようすや規則性がわかる。
- 測定していないところでも，その値を推測することができる。

結　論

- エタノールを熱すると80℃近くまでは温度上昇《じょうしょう》を続けるが，80℃近くになって沸騰《ふっとう》が始まったら，温度は変化しない。
- エタノールが沸騰する温度は78℃である。

固体がとけるときの温度変化

- ナフタレンの温度変化の例

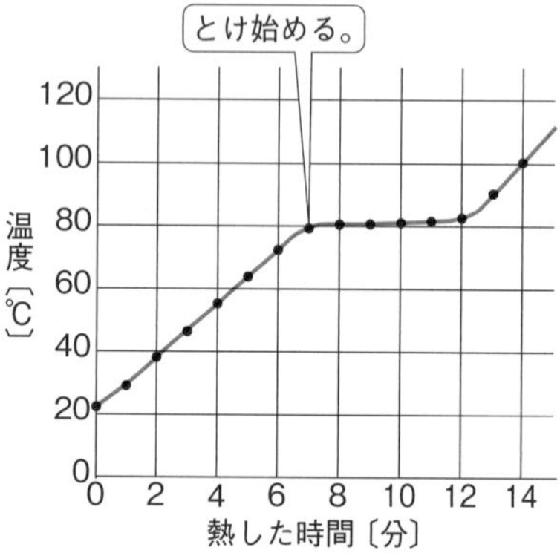

結　論：ナフタレンがとける温度は81℃である。

■ 沸点と融点

要点

- **沸点《ふってん》**　液体が沸騰して気体に変化するときの温度。
- **融点《ゆうてん》**　固体がとけて液体に変化するときの温度。

- 沸点・融点は物質の量には関係なく，種類によって決まっている。
- 物質は，融点・沸点を境として，固体⇔液体⇔気体と状態変化する。
- 純粋《じゅんすい》な物質の沸点・融点は物質の種類によって決まっているので，物質を区別するときの手がかりになる。
- 物質が状態変化している間は，物質を熱し続けても温度は変わらない。

実験７

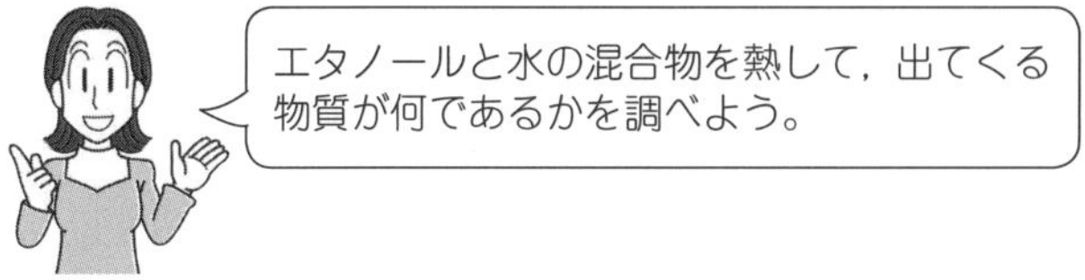

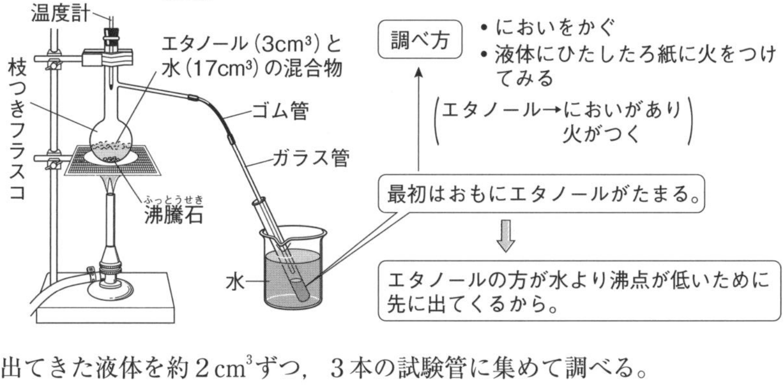

出てきた液体を約２cm^3ずつ，３本の試験管に集めて調べる。
液体が冷えてから，液体にひたしたろ紙を蒸発皿にとり，それに火を近づける。

㊟　火は液体に直接近づけてはいけない。

▶水とエタノールの混合物の温度変化の例

- 混合物を熱したとき，沸点《ふってん》は決まった温度にはならない。
- 温度変化のしかたは混合されている物質の割合によって変わる。

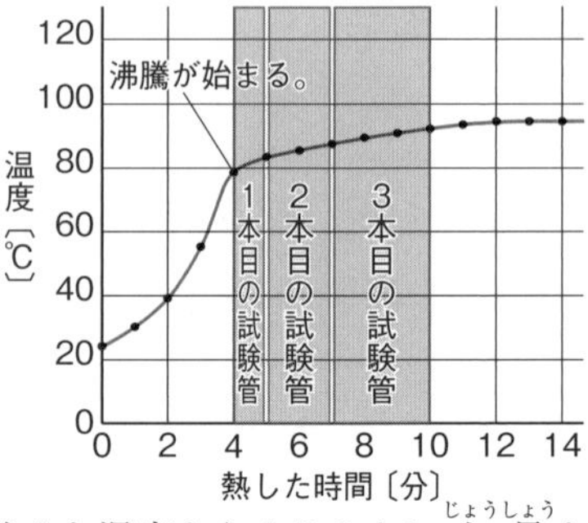

結　果

- 水とエタノールの混合物は，沸騰《ふっとう》し始めた温度からゆるやかに上昇《じょうしょう》し，純粋《じゅんすい》な物質のように同じ温度は続かなかった。
- 混合物を加熱して出てきた液体の色は無色透明《とうめい》であったが，においは，それぞれの試験管でちがっていた。
- １本目の試験管の液は，マッチで火をつけると燃えた。しかし，後から出てきた３本目の試験管の液は，マッチの火をつけても燃えなかった。

■ 蒸留

要点

● **蒸留《じょうりゅう》**　液体の混合物を熱して沸騰させ，出てくる蒸気（気体）を冷やして，再び液体にすることで，沸点の異なる物質を分離《ぶんり》し，純粋な物質（液体）としてとり出す方法。

- エタノールの沸点は78℃，水の沸点は100℃。

⇩

水とエタノールの混合物を熱すると，水よりも沸点の低いエタノールを多くふくむ気体が先に出る。

一問一答check!

□物質にはどんな状態があるか。3つ答えよ。	気体，液体，固体
□物質が，固体⇄液体⇄気体と変化することを何というか。	状態変化
□物質が固体から直接気体に状態変化することはあるか。	ある。
□下の図で➡，⇨は，それぞれ加熱，冷却《れいきゃく》のどちらを表しているか。	➡冷却 ⇨加熱

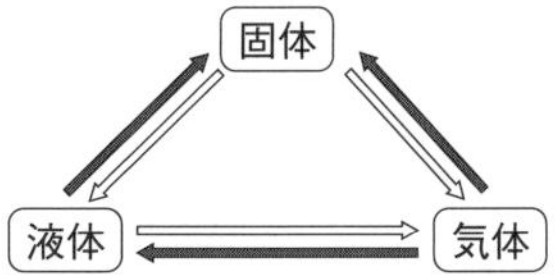

□物質の状態が変化するとき，その質量は変化するか。	変化しない。
□物質の状態が変化するとき，その体積は変化するか。	変化する。
□水が，液体から固体へと状態変化するときに体積はどうなるか。	大きくなる。
□水が，液体から気体へと状態変化するときに体積はどうなるか。	大きくなる。
□ロウが，液体から固体へと状態変化するときに体積はどうなるか。	小さくなる。
□状態変化によって，ある物質が別の物質に変化することはあるか。	ない。
□１目盛りが１℃の温度計では，温度を何℃まで読みとるか。	0.1℃
□液体が沸騰して気体に変化するときの温度を何というか。	沸点
□固体がとけて液体に変化するときの温度を何というか。	融点《ゆうてん》
□水が沸騰するときの温度は何℃か。	100℃
□氷がとけて水になるときの温度は何℃か。	0℃
□水100 gと水200 gとを沸騰させたとき，沸騰する温度は同じか，ちがうか。	同じ。

□純粋《じゅんすい》な物質の沸点《ふってん》や融点《ゆうてん》は，決まっているか。

決まっている。

□液体を熱して沸騰《ふっとう》させ，出てくる気体を冷やして再び液体にしてとり出す方法は何か。

蒸留《じょうりゅう》

□水とエタノールを混合した液体を熱していくと，沸騰が始まってすぐに出てくる気体は，どちらの方が多くふくまれているか。

エタノール

□下のグラフは，水とエタノールの混合物を加熱したときの温度変化を表している。このとき，おもにエタノールが沸騰しているのはA，Bどちらか。

A

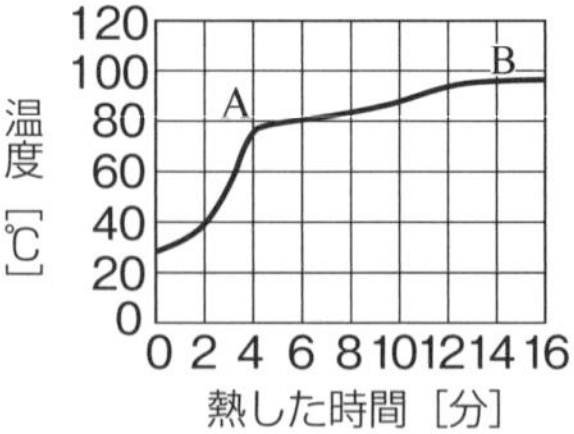

これが出る! 定期テスト対策

1〔状態変化と体積・質量〕 右の図のように，試験管に水を入れて液面の位置に印をつけ，質量を測定した。次に，氷と食塩の入ったビーカーの中に入れ，試験管内の水をすべてこおらせて再び質量を測定し，体積を比べた。

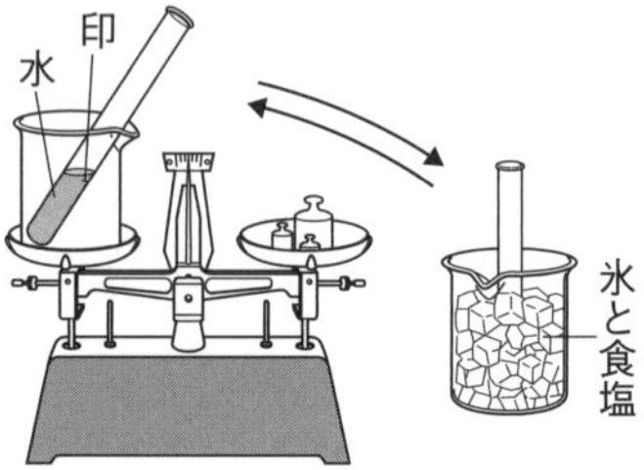

（1）水や氷の状態のことを何というか。

水…（ 液　　体 ）　氷…（ 固　　体 ）

（2）氷の状態になるとき，水の状態と比べて，質量，体積はどう変化したか。

質量…（ 変化しない ）　体積…（ 大きくなった ）

（3）水と氷は同じ物質といえるか。

（ い　え　る ）

2〔物質の状態変化〕　右の図は，水の状態変化を表したものである。

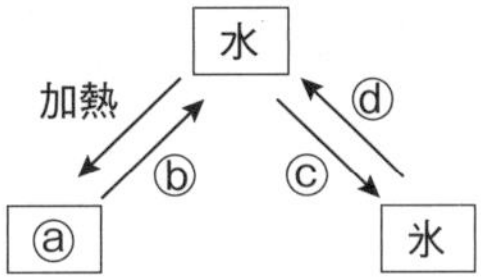

（1）ⓐ〜ⓓに入ることばは何か。

ⓐ（ 水 蒸 気 ）　ⓑ（ 冷《れい》 却《きゃく》 ）

ⓒ（ 冷 却 ）　ⓓ（ 加 熱 ）

（2）物質が状態変化するとき，変化しないのは物質の体積と質量のどちらか。

（ 質 量 ）

3〔物質がとける温度と沸騰する温度〕　右のグラフは，エタノール，水，水とエタノールの混合物の液体を別々にフラスコに入れて熱したときの温度変化のようすを表したものである。

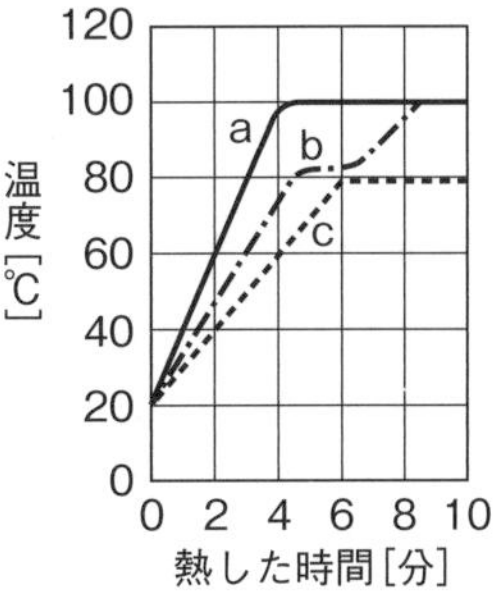

（1）aとcでは，グラフが水平になっているところがある。このときの温度を何というか。

（ 沸 点 ）

（2）a〜cは，それぞれ次のどれであると考えられるか。

エタノール（ c ）　水（ a ）

水とエタノールの混合物（ b ）

4〔蒸留〕　右のグラフは，水とエタノールの混合物をフラスコに入れて熱したときのようすを表したものである。このとき，発生した気体を試験管に集めて冷やしたところ，液体が得られた。a〜b間およびc〜d間では，それぞれおもに何が得られるか。

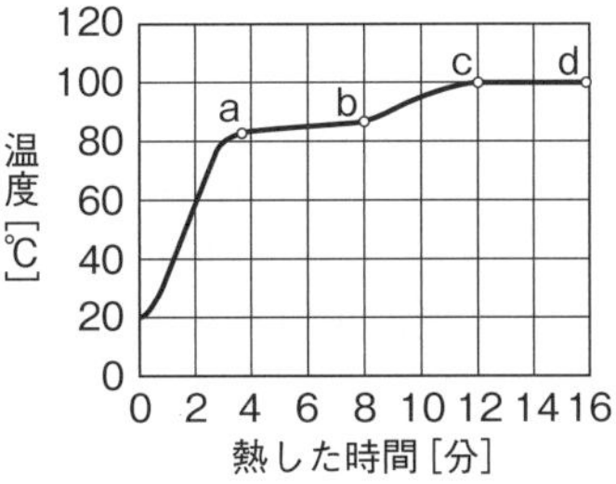

a〜b間（ エタノール ）

c〜d間（ 水 ）

単元2のキーワード

□**物体《ぶったい》と物質《ぶっしつ》**　物の外観に注目したとき，物体といい，物を形づくっている材料に注目したとき，物質という。

例　ガラスのコップ　　コップ…物体　ガラス…物質

□**非金属《ひきんぞく》**　金属以外の物質。

□**金属に共通の性質**　みがくと金属光沢《こうたく》が見られる，電気をよく通す，熱をよく伝える，よくのびる（延性《えんせい》），たたくと広がる（展性《てんせい》）など。

□**密度《みつど》**　物質の単位体積あたりの質量。物質ごとに決まっている。

$$\text{物質の密度〔g/cm}^3\text{〕}=\frac{\text{物質の質量〔g〕}}{\text{物質の体積〔cm}^3\text{〕}}$$

□**質量《しつりょう》**　電子てんびんなどではかることのできる物質そのものの量。

□**有機物《ゆうきぶつ》**　炭素をふくむ物質。（ただし，炭素や二酸化炭素を除く）

□**無機物《むきぶつ》**　有機物以外の物質。

□**酸素**　二酸化マンガンにオキシドールを加えると発生。ほかの物質を燃やすはたらきがある。

□**二酸化炭素**　石灰石《せっかいせき》や貝がらにうすい塩酸を加えると発生。石灰水《せっかいすい》を白くにごらせる。

□**窒素《ちっそ》**　空気中に体積の割合で約$\frac{4}{5}$ふくまれる。

□**水素**　鉄や亜鉛《あえん》などの金属にうすい塩酸や硫酸《りゅうさん》を加えると発生。最も密度の小さい物質（気体）で，空気中で火をつけると燃えて水ができる。

□**アンモニア**　塩化アンモニウムと水酸化カルシウムの混合物を熱すると発生。特有の刺激臭《しげきしゅう》があり，水に非常によくとける。

□**水上置換法《すいじょうちかんほう》**　水にとけにくい気体を集める方法。水と置きかえて集める。

□**上方置換法《じょうほうちかんほう》**　水にとけやすく，空気より密度の小さい気体を集める方法。

□**下方置換法《かほうちかんほう》**　水にとけやすく，空気より密度の大きい気体を集める方法。

□**溶質《ようしつ》**　溶液にとけている物質。

□**溶媒《ようばい》**　物質をとかしている液体。

□**溶液《ようえき》**　物質がとけている液全体。

□水溶液《すいようえき》	溶媒が水である溶液。
□純粋《じゅんすい》な物質	1種類の物質でできている物。
□混合物《こんごうぶつ》	いくつかの物質が混じり合った物。
□濃度《のうど》	溶液のこさ。
□質量《しつりょう》パーセント濃度	$\text{質量パーセント濃度〔\%〕} = \dfrac{\text{溶質の質量〔g〕}}{\text{溶液の質量〔g〕}} \times 100$
□結晶《けっしょう》	いくつかの平面で囲まれた規則正しい形をしている固体。結晶の形は，物質によって決まっている。
□飽和水溶液《ほうわすいようえき》	物質がそれ以上とけることができない水溶液。
□溶解度《ようかいど》	ある物質を100 gの水にとかして飽和水溶液にしたときのとけた質量。
□溶解度曲線《ようかいどきょくせん》	水の温度と溶解度の関係をグラフに表したもの。
□再結晶《さいけっしょう》	固体の物質をいったん水にとかし，溶解度の差を利用して，再び結晶としてとり出すこと。
□物質の状態	物質には固体，液体，気体の状態がある。
□状態変化《じょうたいへんか》	物質が温度によって状態を変えること。多くの物質は次のように変化する。

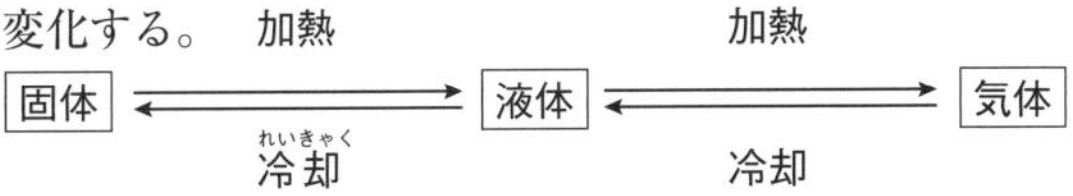

□状態変化と体積・質量	物質の状態変化では，体積は変化するが質量は変化しない。
□水の状態変化	多くの物質は液体から固体に状態変化するとき体積が小さくなるが，水は体積が大きくなる。
□沸点《ふってん》	液体が沸騰《ふっとう》して気体に変化するときの温度。物質によって決まっている。
□融点《ゆうてん》	固体がとけて液体に変化するときの温度。物質によって決まっている。
□蒸留《じょうりゅう》	液体の混合物を熱して沸騰させ，出てくる気体を冷やして再び液体にすることで，沸点の異なる物質を分離し，純粋な物質（液体）としてとり出す方法。

第1章 単元3 身のまわりの現象 光の世界

1 物の見え方

教 p.146～p.147

要点

- **光源《こうげん》**　自ら光を出す物体。
- **光《ひかり》の直進《ちょくしん》**　光がまっすぐに進むこと。
- **光《ひかり》の反射《はんしゃ》**　物体の表面で光がはね返ること。

■ 光の直進

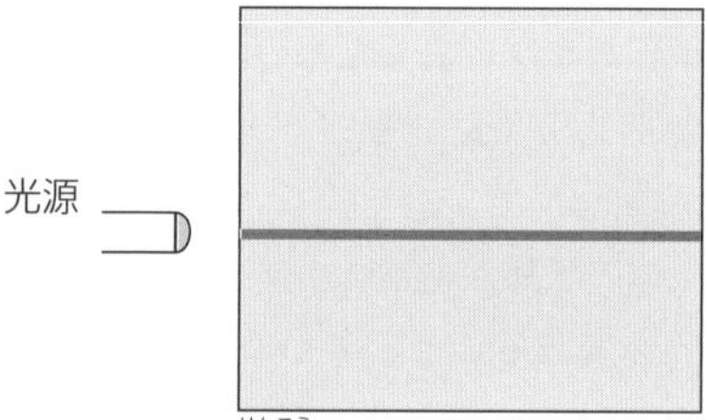

光源から出た光は，まっすぐに進む。

線香《せんこう》のけむりを入れた透明な容器

■ 光の反射

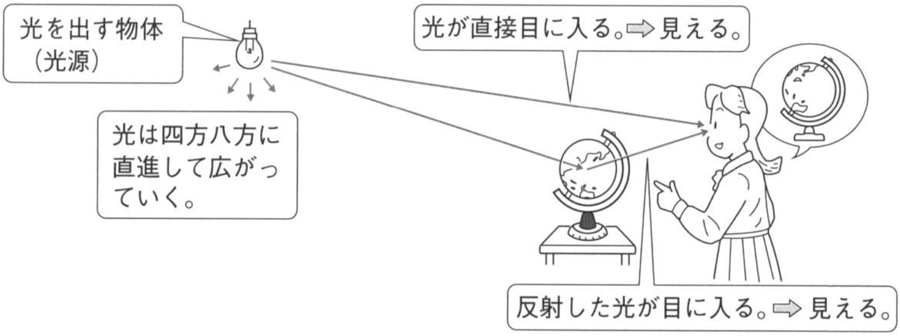

■ 色のある世界

さまざまな色があるのは，光源の光が関係している。

りんごが赤く見えるのは，りんごに当たった光の中で，赤い色をした光を多く反射し，私たちの目に届くからである。

2 光の反射

教 p.148〜p.151

要点

- **入射角《にゅうしゃかく》**　鏡の面に垂直な線と入射した光がつくる角。
- **反射角《はんしゃかく》**　鏡の面に垂直な線と反射した光がつくる角。
- **光《ひかり》の反射《はんしゃ》の法則《ほうそく》**　入射角と反射角の大きさが等しいこと。

実験1

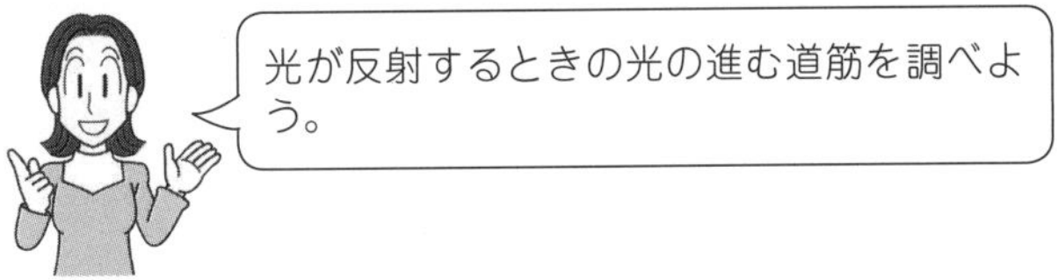

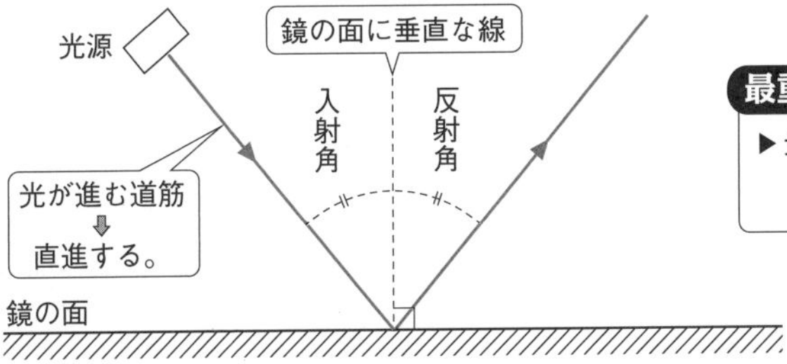

最重要

▶光の反射の法則
⇩
入射角＝反射角

■ 鏡にうつる物体の見かけの位置

▶鏡にうつって見える消しゴムの位置

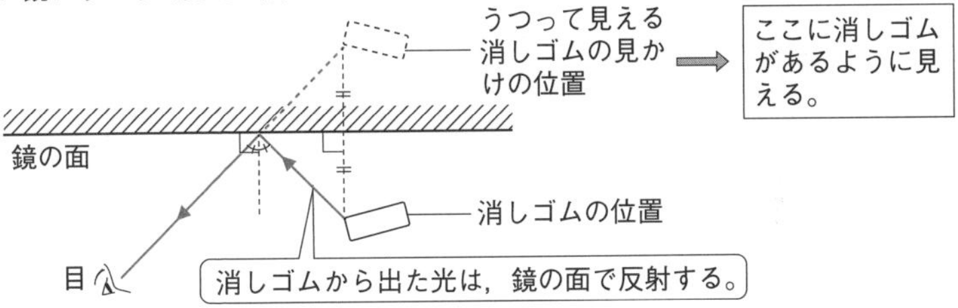

■ 鏡のはたらきをするもの

表面が平らでなめらかな物体は光をよく反射するので，鏡のように物体をうつす。光を通す物体でも，当たった光の一部が反射して物体がうつって見えることがある。

■ 乱反射

要点

- **乱反射《らんはんしゃ》**　光の当たった物体の表面に細かい凹凸《おうとつ》があるとき，光がさまざまな方向に反射すること。

3 光の屈折

教 p.152～p.155

■ 光の屈折

要点

- **光《ひかり》の屈折《くっせつ》**　透明《とうめい》な物体に光が出入りするとき，ななめに入射した光が，境界面で曲がること。
- **屈折角《くっせつかく》**　入射した点で境界面に垂直な線と屈折した光のつくる角。

実験2

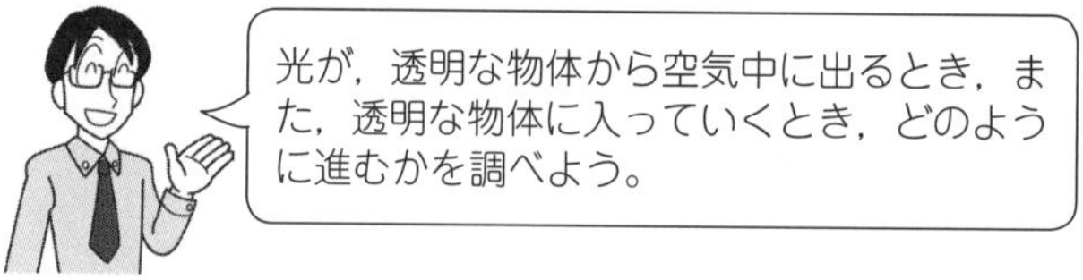

①境界面に垂直に進んできた光 （空気中→ガラス）	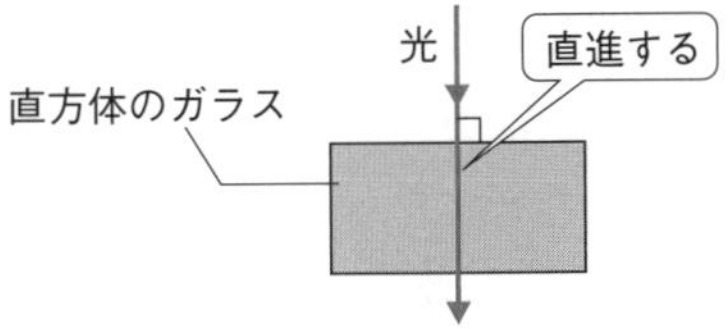
②境界面にななめに進んできた光 （空気中→ガラス） （ガラス→空気中）	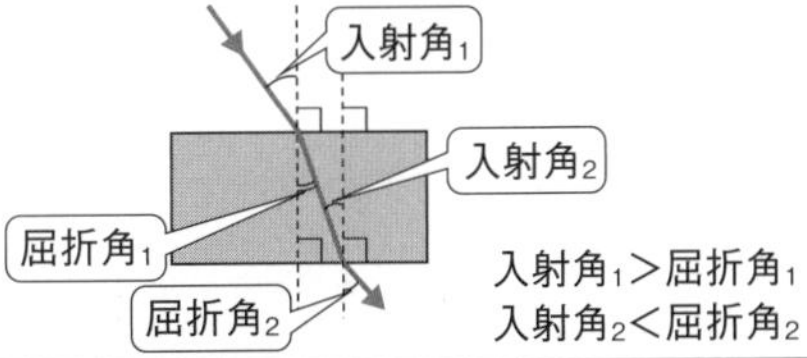
③境界面にななめに進んできた光 （ガラス→空気中）	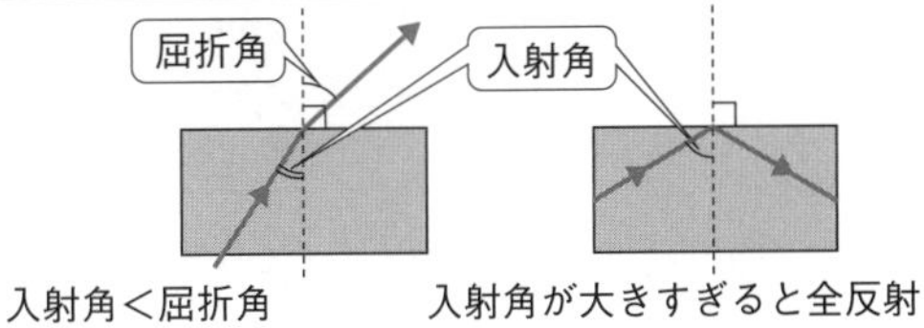

結　論

①境界面に垂直に入射する光は，そのまま直進する。

②空気中から透明な物体にななめに入射するとき，光は屈折角が入射角より小さくなるように屈折する。

③透明な物体から空気中にななめに入射するとき，光は屈折角が入射角より大きくなるように屈折する。

■ 屈折による見え方

コインが入っているカップに水を入れると，カップの中の見えなかったコインが見えるようになる。これは，コインで反射した光が水面で屈折するために起こる。目に入る光の道筋を逆にのばした位置から光が出ているように見える。

水中にある物体が見えるようす

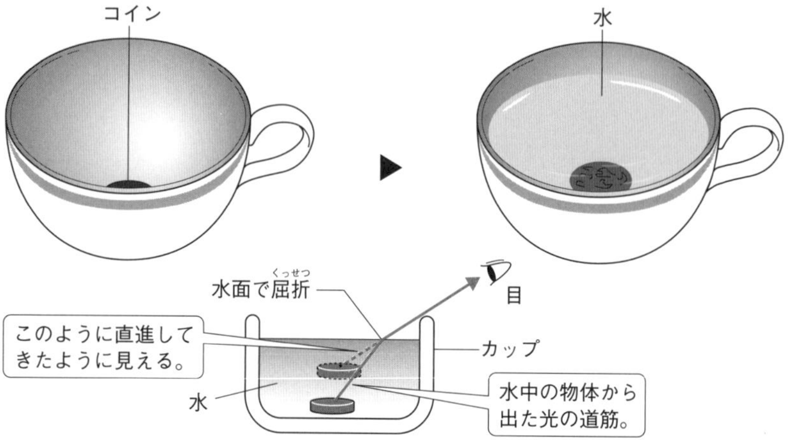

- 水中の物体が反射した光は，水中から空気中に進むとき屈折するが，わたしたちの目には直進してきたように見えるため，実際より浅い位置に物体があるように見える。

■ 全反射

要点

- **全反射《ぜんはんしゃ》**　光が透明《とうめい》な物体から空気中へ出るとき，入射角が一定以上大きくなると，境界面で光が全て反射し，空気中に出なくなること。

光が，ガラスなどの物体や水から空気中へ進むとき，入射角を大きくしていくと屈折した光が境界面に近づいていく。入射角が一定以上大きくなると，境界面を通りぬける光はなくなり，全ての光が反射する。これを**全反射**という。例えば，光ファイバーは全反射を利用している。

4 レンズのはたらき

教 p.156〜p.162

■ 凸レンズを通る光の進み方

要点

- **焦点《しょうてん》**　**光軸《こうじく》**に平行に進んできた光が，凸《とつ》レンズに入るときと出るときに屈折《くっせつ》して，1つに集まる点。
- **焦点距離《しょうてんきょり》**　凸レンズの中心から焦点までの距離。
- **像《ぞう》**　凸レンズなどを通して見えるものや，スクリーンにうつって見えるもの。

図解でチェック!

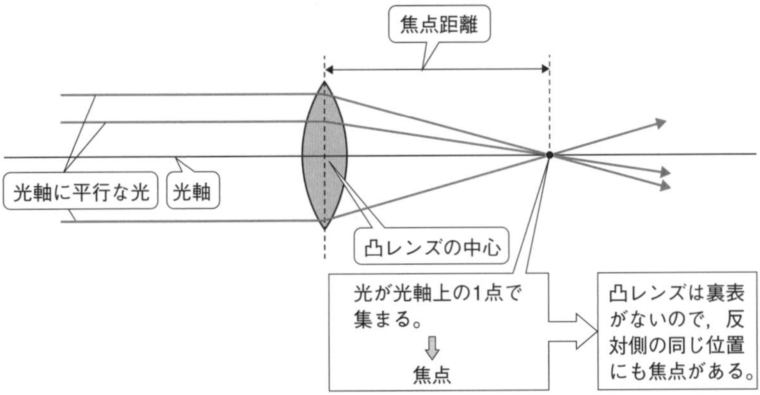

実験3

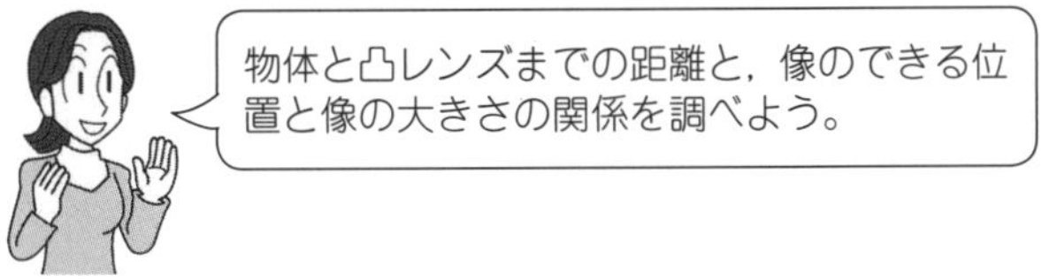

図解でチェック！

光源の位置，スクリーンの位置，像の大きさの関係

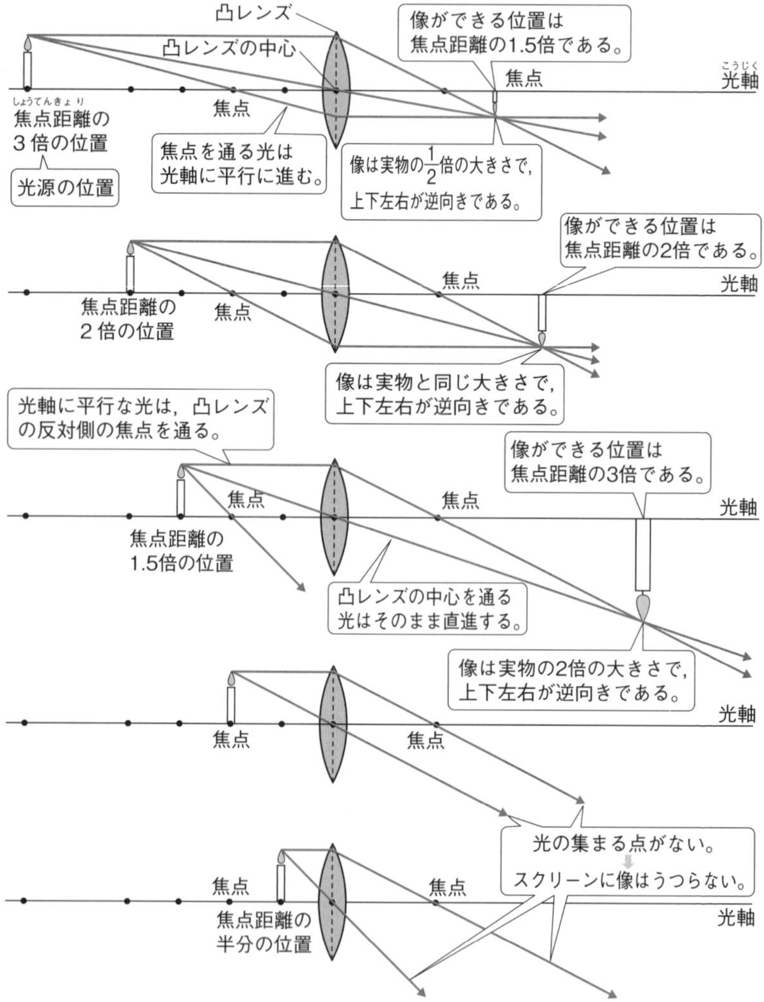

■ 実像

要点

● **実像《じつぞう》**　凸レンズを通った光が１点に集まり，スクリーン上にはっきりうつすことのできる像。

● 実像のでき方

- 凸レンズの反対側に，物体と上下左右が逆向きになったかたちでできる。
- 物体を焦点《しょうてん》より外側に置いたときにできる。
- 物体を焦点に近づけるほど，大きな実像ができる。

実像のでき方

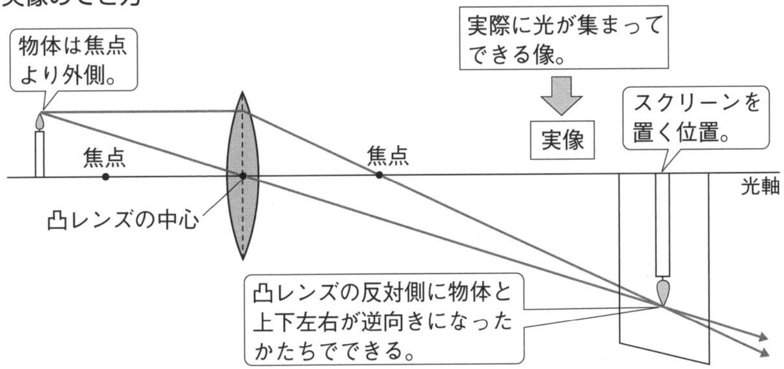

像の大きさ

①物体が焦点距離の２倍よりも遠い位置

　⇨ 像は実物より小さい。

②物体が焦点距離の２倍の位置

　⇨ 像は実物と同じ大きさ。

③物体が焦点距離と，焦点距離の２倍との間の位置

　⇨ 像は実物より大きい。

虚像

要点

- **虚像《きょぞう》**　凸《とつ》レンズを通して見たときに，物体の実際の大きさより大きく見え，スクリーンにうつすことのできない像。
- 虚像のでき方
  - 物体と同じ側に同じ向きに見える。
  - 物体を焦点《しょうてん》より内側に置いたときに見える。
  - 物体を焦点に近づけるほど，大きな虚像が見える。

虚像の見え方

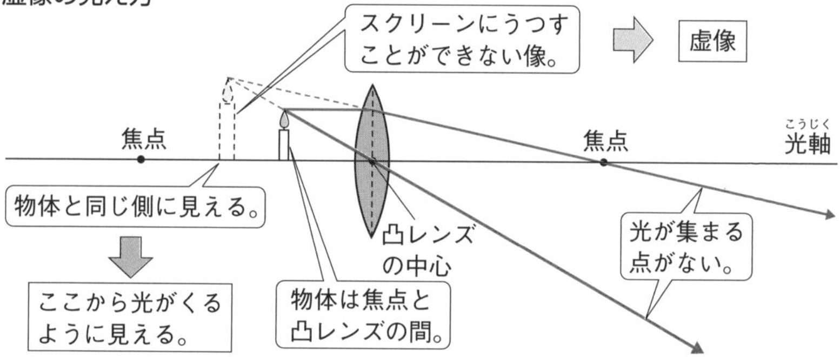

像の大きさ

⇨凸レンズに近づくほど小さく見える。

凸レンズによってできる像のまとめ

物体の位置	焦点距離《きょり》の3倍	焦点距離の2倍	焦点距離の1.5倍	焦点	焦点距離の半分
像の種類	実像（逆向き）	実像（逆向き）	実像（逆向き）		虚像（同じ向き）
像と凸レンズの距離	焦点距離の1.5倍	焦点距離の2倍	焦点距離の3倍		
像の大きさ	実物の$\frac{1}{2}$倍	実物と同じ大きさ	実物の2倍		実物の2倍

一問一答check!

□自ら光を出す物体を何というか。	光源
□光が空気などの透明《とうめい》な物体の中で，何にもぶつからずに進むとき，どのように進むか。	直進する。
□光が鏡に当たると，進む方向が変わる。これを何というか。	光の反射
□光が鏡に当たるとき，鏡の面に垂直な線と入射した光とがつくる角度を何というか。	入射角
□光が鏡で反射するとき，鏡の面に垂直な線と反射した光とがつくる角度を何というか。	反射角
□光の反射では入射角と反射角は等しいか，異なるか。	等しい。
□入射角と反射角が等しいことを何というか。	光の反射の法則
□物体の表面に細かい凹凸《おうとつ》がある場合の光の反射を何というか。	乱反射
□光が水やガラスにななめに入射するとき，境界面で光の進む向きが変わる。これを何というか。	光の屈折《くっせつ》
□光が空気中から水に垂直に進んだとき，光はどのように進むか。	直進する。
□光が空気中から水中にななめに入射するとき，水面に垂直な線と屈折した光とがつくる角度を何というか。	屈折角
□光が空気中からガラスにななめに入射するとき，入射角と屈折角はどちらが大きいか。	入射角
□光が水中から空気中にななめに入射するとき，入射角を大きくすると，境界面から光が出なくなる現象を何というか。	全反射
□中央部が，周囲より厚いレンズを何というか。	凸レンズ
□光軸に平行な光が凸レンズに入るときと出るときに屈折して，1つに集まる点を何というか。	焦点
□凸レンズの中心から焦点までの距離を何というか。	焦点距離

□凸《とつ》レンズに当たった光が，１つの点に集まるのは，レンズの表面で光がどうなるからか。

屈折《くっせつ》するから。

□物体から出て凸レンズを通った光が集まってできる，スクリーンにうつる像を何というか。

実像

□スクリーンにうつった像は，もとの物体と比べて上下左右はどうなるか。

上下左右は逆向きになる。

□右の図のＡの位置とＢの位置に物体を置くと，できる像はどちらが大きいか。

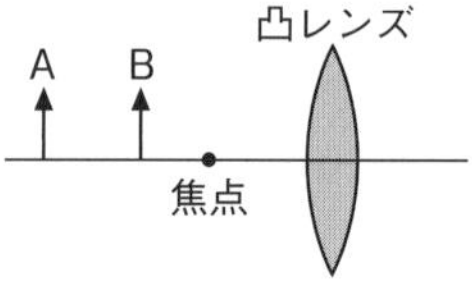

Ｂの位置

□上の図で，像のできる位置が凸レンズから遠くなるのはＡ，Ｂどちらに置いたときか。

Ｂの位置

□スクリーンにはうつらないが，レンズを通して見ることのできる像を何というか。

虚像《きょぞう》

□物体を凸レンズに近づければ近づけるほど，虚像の大きさはどうなるか。

小さくなる。

□望遠鏡や双眼鏡《そうがんきょう》で見える像は，実像，虚像のどちらか。

虚像

□次のＡ～Ｃに入ることばは何か。下の図を見て答えよ。
光軸《こうじく》に平行に入射した光①は，凸レンズを通った後（　Ａ　）を通る。
凸レンズの中心を通る光②は，そのまま（　Ｂ　）する。
焦点を通った光③は，凸レンズを通ると光軸に（　Ｃ　）に進む。

Ａ…焦点
Ｂ…直進
Ｃ…平行

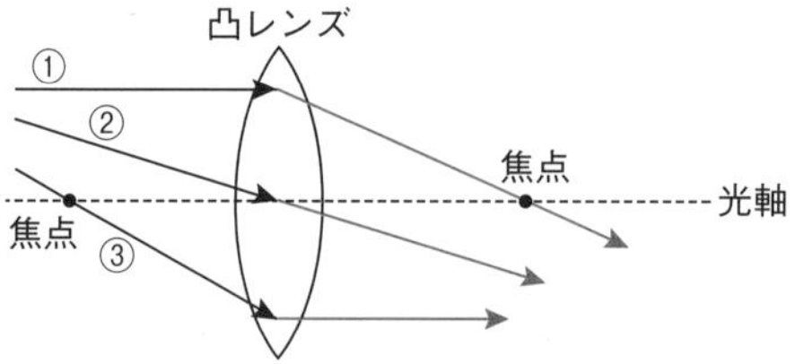

これが出る! 定期テスト対策

1〔光のさまざまな現象〕　Aさんが鏡にうつったBさんを見ている。

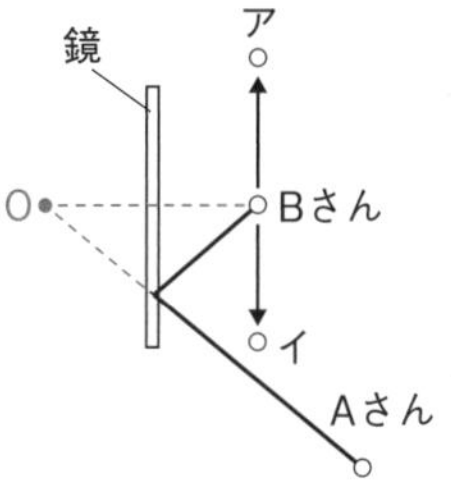

（1）Aさんから見るとBさんはどの位置に見えるか。作図でその位置Oを示せ。

（2）Bさんが鏡の面と平行に，ア，イの位置に移動した。Aさんから鏡にうつったBさんが見えないのはどちらに移動したときか。

（　イ　）

2〔光の屈折〕　右の図は，空気中から水中に，そして，再び空気中に進む光のようすを表している。

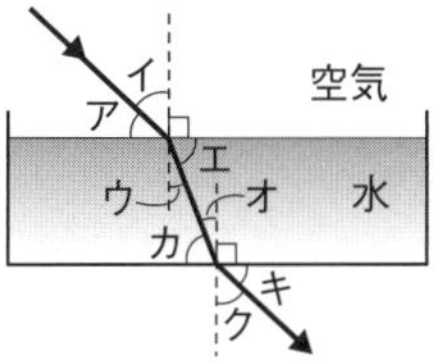

（1）ア～クの中で，入射角をすべて選べ。

（　イ　，　オ　）

（2）ア～クの中で，屈折角をすべて選べ。

（　ウ　，　ク　）

（3）光が水中から空気中に出るとき，入射角と屈折角はどちらが大きいか。

（　屈　折　角　）

3〔全反射〕　右の図は，水中からの光が進む方向を示している。

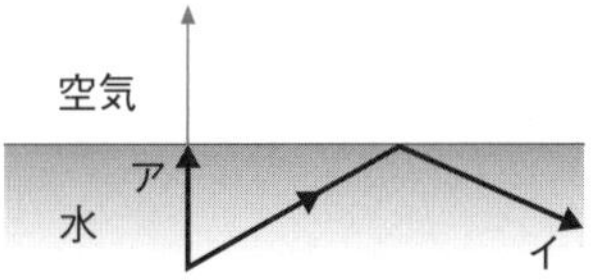

（1）アは，水面に垂直に進んできた光である。空気中に出てからの光の進む道筋を作図せよ。

（2）イの光は空気中に出ていかなかった。このような現象を何というか。

（　全　反　射　）

4〔実像〕 右の図は，ろうそくを焦点《しょうてん》の外側に置いている。

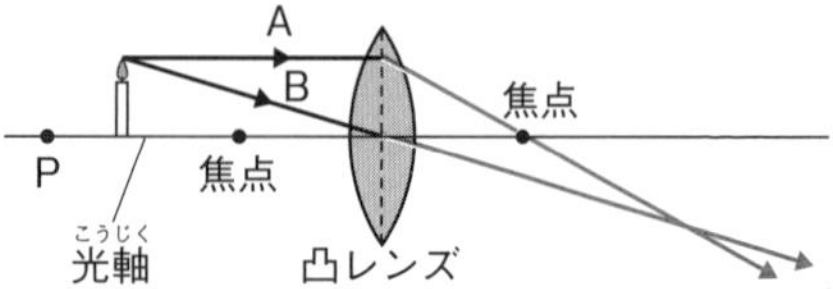

（1）ろうそくから出た２本の光A，Bは，凸《とつ》レンズを通った後，どのように進むか。光の進む道筋を図中に作図せよ。

（2）このときできる像を何というか。 （　実　　　像　）

（3）ろうそくの位置をP点の方向に移動していくと，できる像の大きさはどのように変わるか。 （　小さくなる。　）

（4）ろうそくを焦点上に置くと，像はどうなるか。 （　できない。　）

5〔虚像〕 右の図は，ろうそくを焦点の内側に置いている。

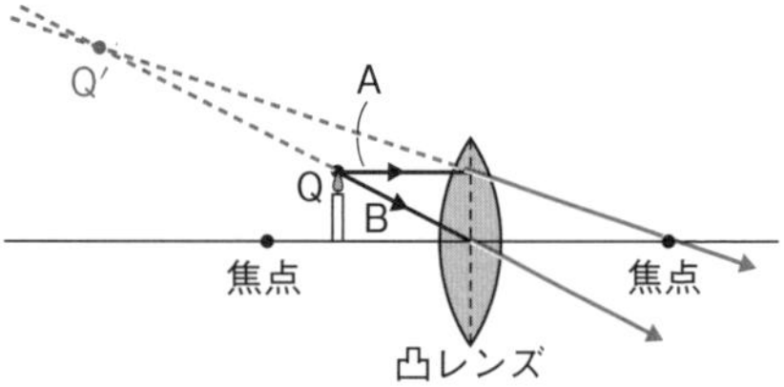

（1）ろうそくから出た２本の光A，Bは，凸レンズを通った後，どのように進むか。光の進む道筋と，点Qが見える位置Q′を図中に作図せよ。

（2）このときできる像を何というか。 （　虚　　　像　）

（3）ろうそくの位置を凸レンズに近づけると，（2）の像の大きさはどうなるか。

（　小さくなる。　）

6〔凸レンズ〕 光源を，図のA，B，Cに置いたとき，スクリーンにうつるのは，それぞれどのような像か。

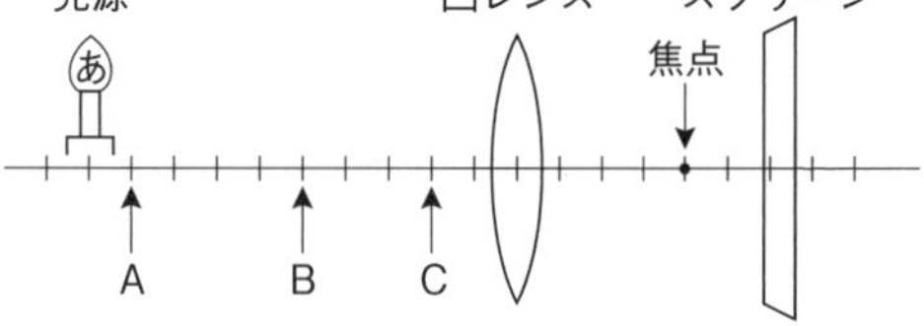

A（　上下左右が逆向きで，実物よりも小さい。　）

B（　上下左右が逆向きで，実物よりも大きい。　）

C（　像はうつらない。　）

第2章 単元3 身のまわりの現象

音の世界

1 音の伝わり方

教 p.164〜p.165

■ 音の伝わり方／音を伝える物体

要点

- **音源《おんげん》**　振動《しんどう》して音を出すもの。
- 音の伝わり方　音源の振動を空気が振動して伝える。
  - 空気のないところ（真空中）では，音は伝わらない。
- 音を伝える物体　気体，液体，固体。

図解でチェック!

おんさの音の伝わり方を調べる実験

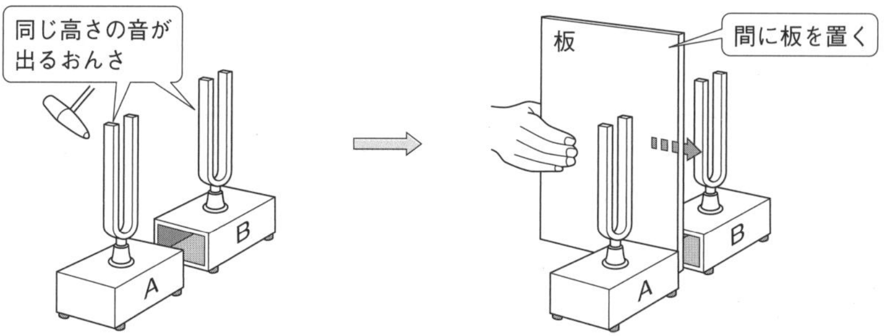

Aのおんさを鳴らすと，Aの振動が空気中を伝わってBのおんさに届き，Bも鳴りだす。

間に板を置くと振動が伝わりにくくなるため，Aのおんさを鳴らしてもBのおんさはほとんど鳴らない。

空気が音を伝えることを調べる実験

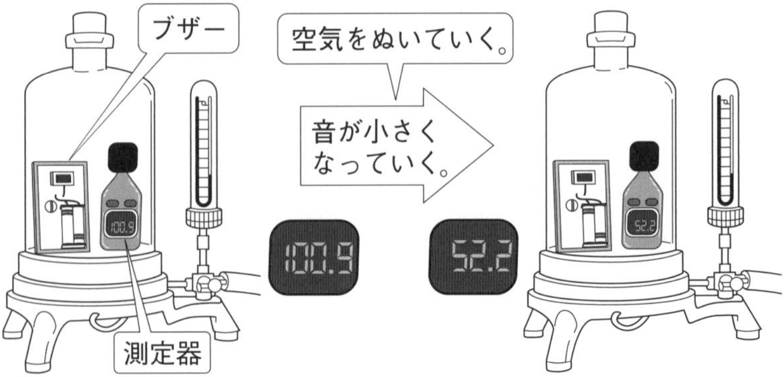

最重要!

▶物体の振動《しんどう》→空気を振動させる→音が伝わる

2 音の性質

教 p.166～p.170

要点

- **振幅《しんぶく》**　振動《しんどう》している物体の，振動の中心からのはば。
- **振動数《しんどうすう》**　振動している物体が1秒間に振動する回数。
- **音《おと》の大小《だいしょう》**　•大きな音→振幅が大きい。
　•小さな音→振幅が小さい。
- **音《おと》の高低《こうてい》**　•高い音→振動数が多い。
　•低い音→振動数が少ない。

実験4

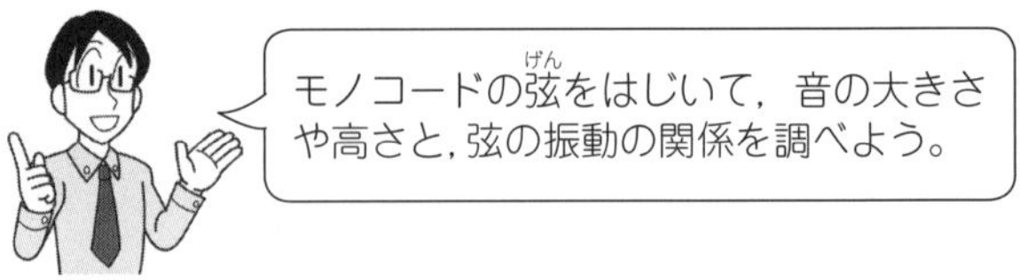

図解でチェック!

①音の大小　(弦の振動のはば)

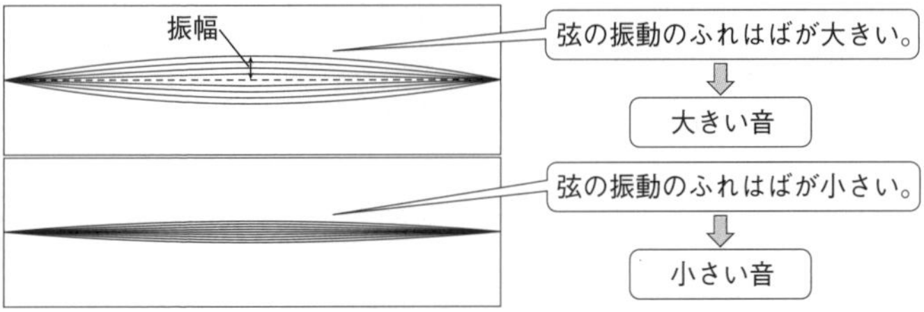

▶弦のはじき方が強い　→　振幅が大きい　→　大きい音

▶弦のはじき方が弱い　→　振幅が小さい　→　小さい音

②音の高低　(弦の振動数)

モノコードの弦と音の高低

音の高さ	高い	←→	低い
弦の長さ	短い	←→	長い
弦の張り方	強い	←→	弱い

▶弦があまりふるえない ⇨ 振動数が少ない ⇨ 低い音

▶弦がたくさんふるえる ⇨ 振動数が多い ⇨ 高い音

注　振動数を表す単位には，**ヘルツ**(記号**Hz**)が用いられる。

■ 音源と空気の振動

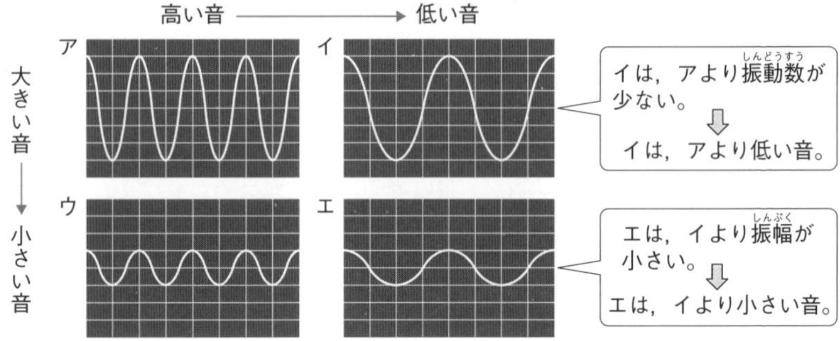

■ 音の伝わる速さ

要点

- 音の速さ　空気中では，１秒間に約340m進む。光は１秒間に約30万km（地球を7.5周する距離《きょり》）進むので，光と比べるとはるかにおそい。

  例　花火が見えてから音が聞こえるまでの時間をはかると，花火までのおよその距離がわかる。

花火までの距離を調べる

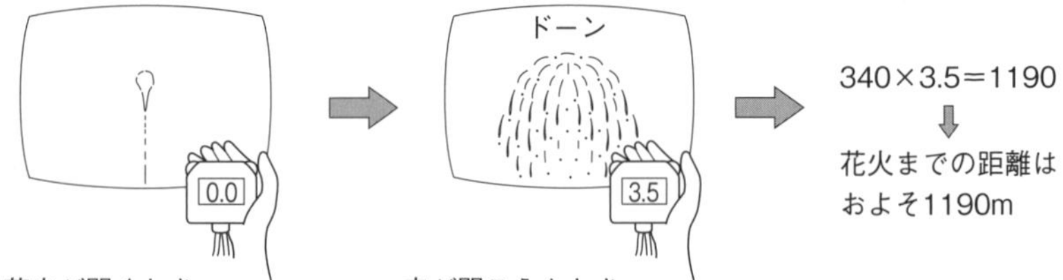

花火が開くとき　　音が聞こえたとき

一問一答 check!

□音が出ているのは，物体がどうなっているからか。	振動しているから。
□振動して音を出すものを何というか。	音源
□空気中で音が聞こえるのは，何が物体の振動を伝えているからか。	空気
□真空状態で音は聞こえるか。	聞こえない。
□水の中で音は聞こえるか。	聞こえる。
□金属などの固体は音を伝えるか。	伝える。
□糸電話で話ができるのは，何が振動して音を伝えるからか。	糸
□音の伝わる速さと光の速さでは，どちらが速いか。	光の速さ
□音は，空気中では1秒間に約何m進むか。	約340m
□弦《げん》などの物体が振動するとき，振動の中心からのはばを何というか。	振幅
□弦や空気などの物体が振動するとき，1秒間に振動する回数を何というか。	振動数
□振動数の単位は何か。	ヘルツ（Hz）
□音の大きさは，何によって決まるか。	振幅
□音の高さは，何によって決まるか。	振動数
□振動数が少なくなると，音は高くなるか，それとも低くなるか。	低くなる。
□モノコードの弦の張り方を強くすると，音は高くなるか，それとも低くなるか。	高くなる。
□モノコードの弦の長さを短くすると，音は高くなるか，それとも低くなるか。	高くなる。
□いなずまが見えてから，音が聞こえるまでの時間をはかったところ，5秒かかった。いなずままでの大まかな距離《きょり》は約何mか。	約1700m

これが出る! 定期テスト対策

1〔音の伝わり方と音を伝える物質〕 右の図は，同じ高さの音の出るおんさを２つ並べたものである。Ａのおんさをたたいたところ，Ｂのおんさも鳴りだした。

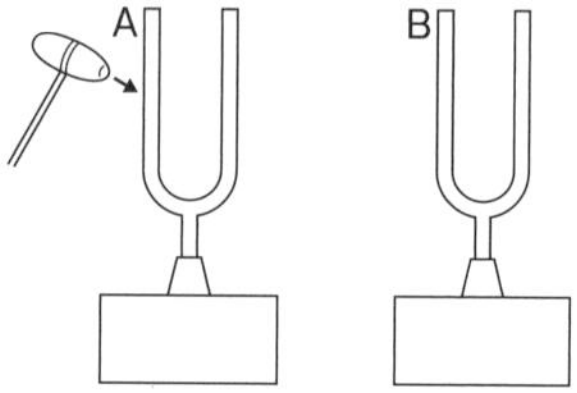

（１）Ｂのおんさが鳴りだしたのは，何が音の振動を伝えたからか。

（ 空　　気 ）

（２）Ａのおんさを手で止めた。このとき，Ｂのおんさはどうなるか。

（ 鳴り続ける。 ）

2〔音の大小や高低〕 下のア～ウは，モノコードの振動をコンピュータの画面に表したものである。

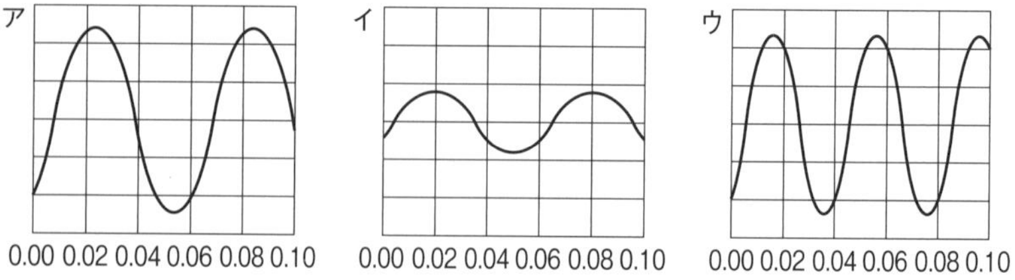

（１）音の大きさが同じなのは，どれとどれか。　（ ア と ウ ）

（２）音の高さが同じなのは，どれとどれか。　（ ア と イ ）

（３）アとイでは，どちらの音の方が大きいか。　（ ア ）

（４）アとウでは，どちらの音の方が低いか。　（ ア ）

（５）同じ弦《げん》を使って，同じ強さではじいた。はじく部分の弦の長さがいちばん短いのはア～ウのどれか。　（ ウ ）

第3章 力の世界

単元3 身のまわりの現象

1 日常生活のなかの力

教 p.172〜p.175

■ 力のはたらき／物体どうしがふれ合ってはたらく力／はなれた物体にはたらく力

要点

- **力《ちから》のはたらき**　①物体の形を変える。②物体の運動の状態を変える。③物体を支える。
- **垂直抗力《すいちょくこうりょく》**　面が物体におされたとき，その力に逆らって面が物体を垂直におし返す力。
- **弾性《だんせい》の力《ちから》（弾性力《だんせいりょく》）**　力によって変形させられた物体が，もとにもどる向きに生じる力。
- **摩擦力《まさつりょく》**　運動をさまたげる向きにはたらく力。
- **重力《じゅうりょく》**　地球上の全ての物体に，地球の中心の向きにはたらく力。
- **磁石《じしゃく》の力《ちから》（磁力《じりょく》）**　磁石にほかの磁石を近づけることで，引き合ったり反発し合ったりする力。
- **電気《でんき》の力《ちから》**　こすった下じきなどによって，物体が引き寄せられたり，反発したりする力。

地球上の重力

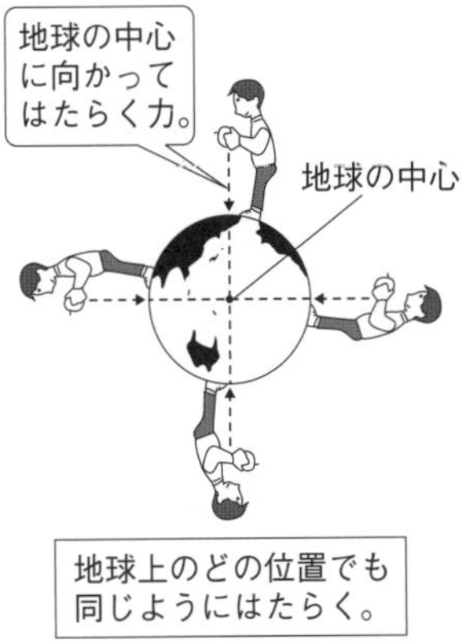

2 力のはかり方

教 p.176〜p.179

■ 力のはかり方／フックの法則

要点

- 力の大きさ　ばねの弾性《だんせい》を利用して，ばねののび方ではかることができる。
- **フックの法則《ほうそく》**　ばねののびは，ばねに加わる力の大きさに比例する。

ばねばかり

- ばねの弾性を利用して，ばねののび方で力の大きさをはかることができる。
- 1 N（ニュートン）は，100 g の物体にはたらく重力の大きさとほぼ等しい。

実験5

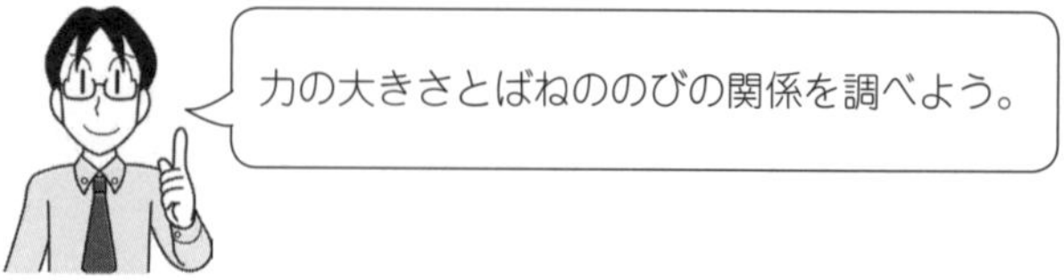

力の大きさとばねののびの関係

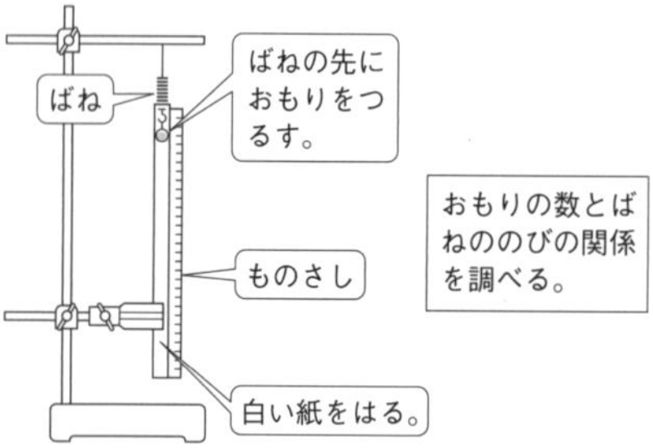

結　果

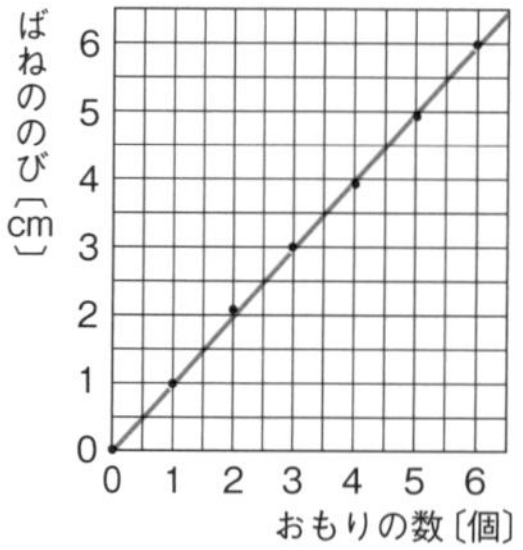

結　論

ばねののびは，ばねを引く力に比例する。⇨ フックの法則

3 力の表し方

教 p.180～p.181

要点

- **重力《じゅうりょく》と質量《しつりょう》**　重力ははかる場所によって異なるが，質量は場所が変わっても変化しない物質そのものの量。
- **力《ちから》の3つの要素《ようそ》**　**力《ちから》のはたらく点《てん》（作用点《さようてん》）**⇨矢印の始点
  力《ちから》の向《む》き⇨矢印の向き
  力《ちから》の大《おお》きさ⇨矢印の長さ

図解でチェック！

重力と質量

重力の大きさは，場所や天体によって異なる。質量は，物質そのものの量であり，場所によって変化しない。

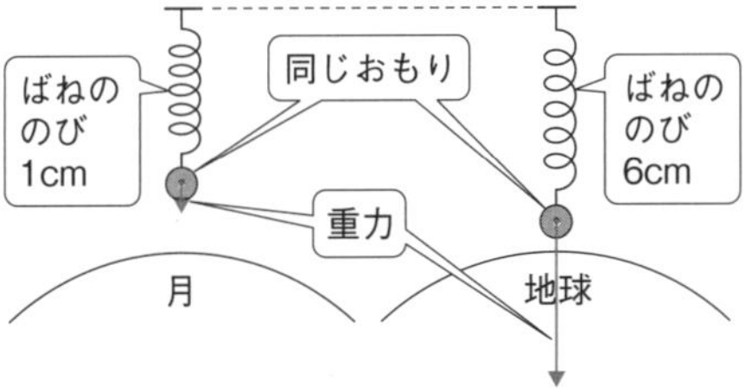

力の表し方／力の矢印の位置

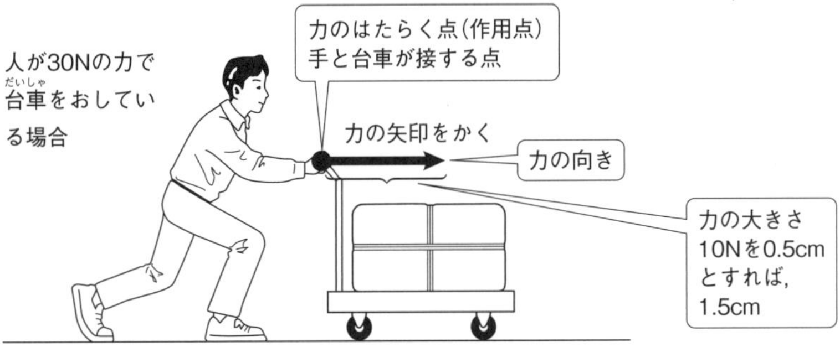

4 力のつり合い

教 p.182〜p.185

要点

- **1つの物体《ぶったい》にはたらく2力《りょく》のつり合《あ》いの条件《じょうけん》**

  3つの条件をすべて満たしたときつり合う。
- 2力が一直線上にある。
- 2力の大きさが等しい。
- 2力の向きが逆向きである。

■ 静止している物体にはたらく力

図解でチェック!

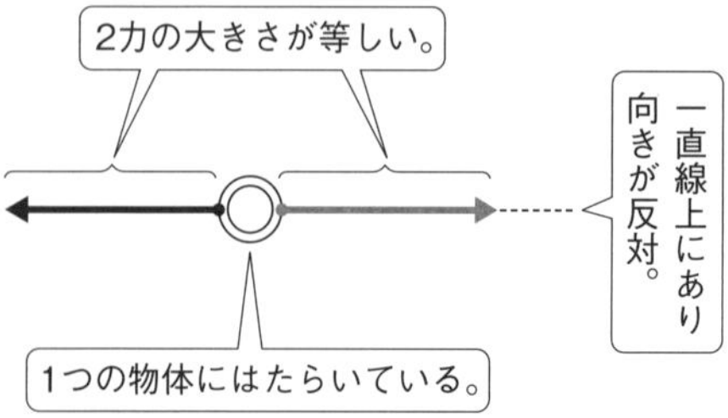

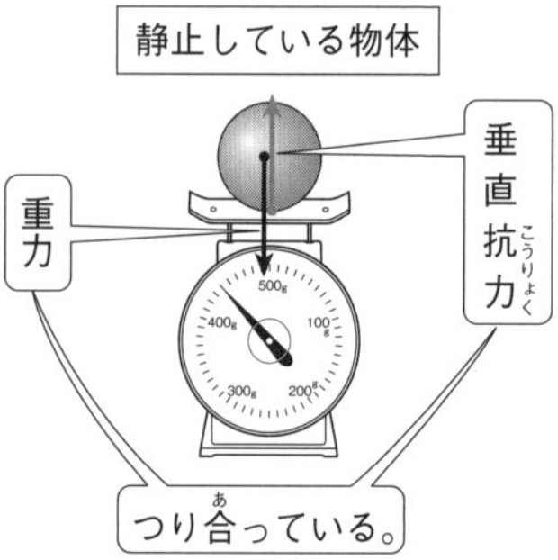

結　論

静止している物体にはたらく2つの力は，一直線上にあり，大きさが等しく，力の向きが逆向きでつり合っている。

一問一答 check!

□力のはたらきをまとめると，次のようになる。A～Cに当てはまることばは何か。 ①物体の（　A　）を変える。 ②物体の（　B　）の状態を変える。 ③物体を（　C　）る。	A…形 B…運動 C…支え
□物体を台の上に置いたとき，台が物体をおし返す力を何というか。	垂直抗力
□地球がその中心に向かって物体を引く力を何というか。	重力
□力によって変形させられた物体が，もとにもどる向きに生じる力を何というか。	弾性《だんせい》の力《ちから》（弾性《だんせい》力《りょく》）
□机の上の物体を動かそうとしたとき，運動をさまたげる向きにはたらく力を何というか。	摩《ま》擦《さつ》力《りょく》
□力の大きさは，何を利用してはかることができるか。	ばねの弾性
□力の大きさを表す単位は何か。	ニュートン（N）
□1Nは，どのような力の大きさとほぼ等しいか。	100gの物体にはたらく重力
□ばねののびは，ばねに加わる力の大きさに比例する。この関係は何とよばれているか。	フックの法則
□人が台車をおしている力の矢印で，A～Cはそれぞれ何を表しているか。	A…作用点 B…力の向き C…力の大きさ
□場所が変わっても変化しない，物質そのものの量を何というか。	質量

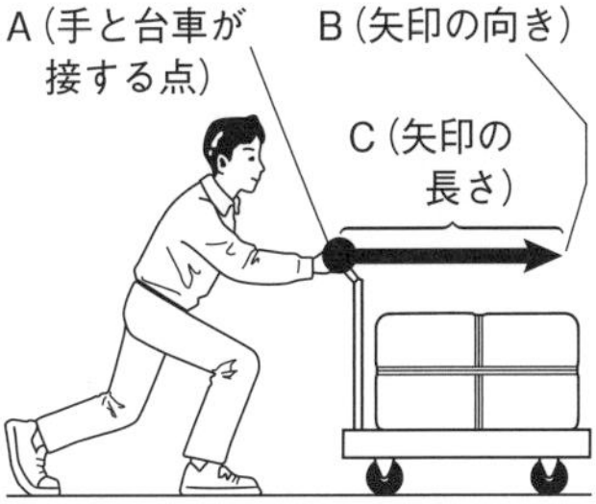

□１つの物体にはたらく２力のつり合いの条件の１つ目は，２力が(　　　)にあることである。	一直線上
□１つの物体にはたらく２力のつり合いの条件の２つ目は，２力の大きさが(　　　)ことである。	等しい
□１つの物体にはたらく２力のつり合いの条件の３つ目は，２力の向きが(　　　)であることである。	逆向き

これが出る！ 定期テスト対策

１〔力のはたらき〕 下の図は，力がはたらいているようすを表している。

A　弓をひく　　　B　ローラーを動かす

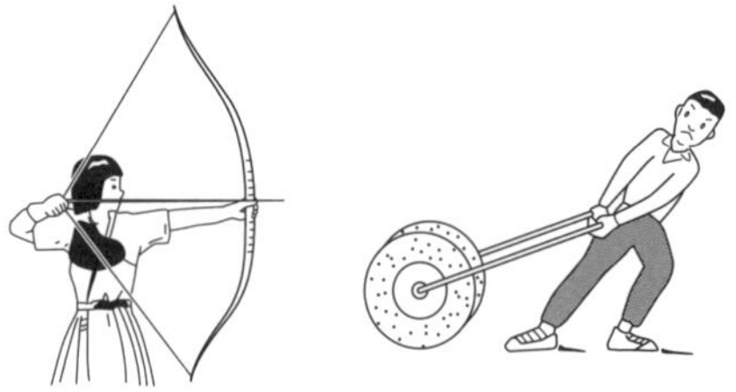

（１）A，Bは次の３つの力のはたらきのうち，どれに当てはまるか。

①物体の形を変える。

②物体の運動の状態を変える。

③物体を支える。

A(　①　)　B(　②　)

（２）A，Bにおいて，力を加えている物体と力を受けている物体はそれぞれ何か。

力を加えている物体……A(　人（手）　)　B(　人　)

力を受けている物体……A(　弓　)　B(　ローラー　)

2〔重力〕 右の図のように，ボールを持っていた手をはなしたらボールが落ちた。

(1) 手でボールを持っているとき，力を加えている物体と力を受けている物体はそれぞれ何か。また，このときの力のはたらきは何か。

力を加えている物体……（ 人（手） ）

力を受けている物体……（ ボール ）

力のはたらき ……（ 物体を支える。 ）

(2) ボールが落ちているとき，ボールはどのような力を受けているか。

（ 重力 ）

3〔力の大きさの単位〕 図1のように，エキスパンダーにおもりをぶら下げたところ，1mの長さまでのびた。このおもりをばねばかりではかったら，20Nであった。

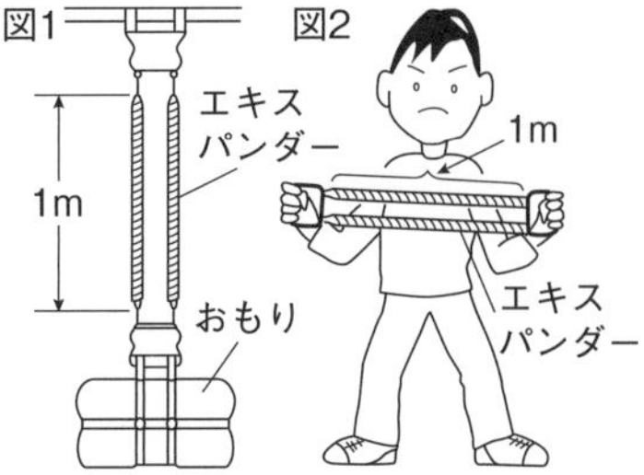

(1) このおもりにはたらく重力の大きさは何Nか。 （ 20N ）

(2) 図2のように，このエキスパンダーを1mまでのばした。このとき，エキスパンダーに加えている力の大きさは何Nか。 （ 20N ）

4〔力の矢印〕 次の力を，図中に矢印で表せ。ただし，1Nの大きさを1cmで表すものとし，●を作用点とする。

手がばねを引く2Nの力

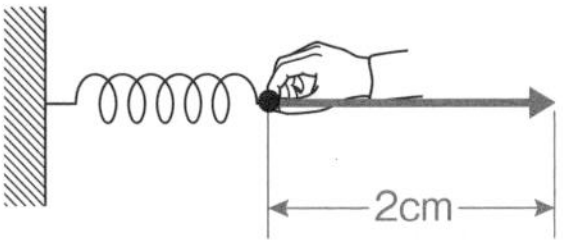

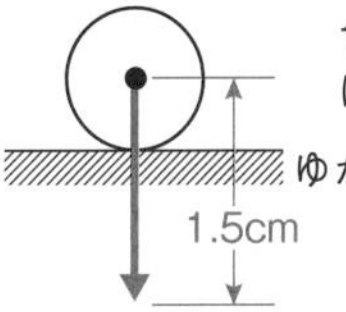

150gの球にはたらく重力

5〔重力の大きさ〕　体重60kgの人が地球上に立っている。この人が同じ体重計を持って月へ行き，月面上に立ったとすると，体重計は何kgを示すか。ただし，月面上での重力の大きさを地球上の$\frac{1}{6}$とする。

（　　10kg　　）

6〔2力のつり合い〕　下の図のア～オで，矢印で表されている2つの力がつり合っているものを全て選び，記号で答えなさい。

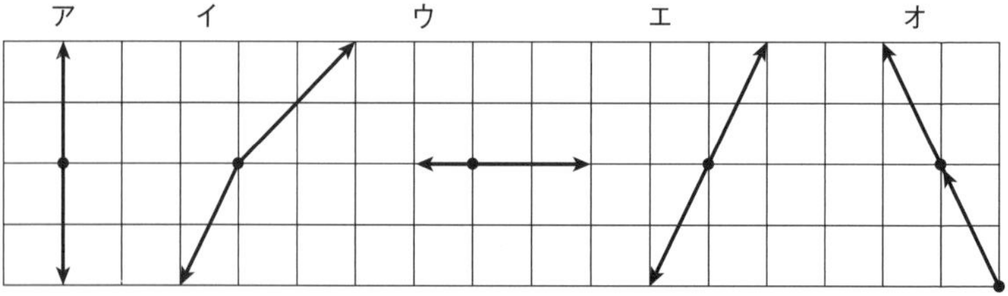

（　ア　，　エ　）

7〔力のはかり方〕　右のグラフは，ばねばかりにつるしたおもりの数とばねののびの関係を表すグラフである。おもり1個の質量を20 gとする。

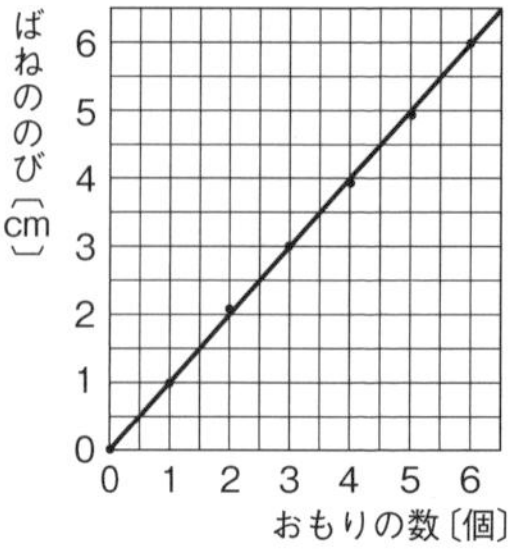

（1）ばねばかりにかかる力が0.6Nのとき，ばねののびは何cmか。

（　　3cm　　）

（2）ばねののびが5 cmのとき，ばねばかりにかかる力は何Nか。

（　　1N　　）

単元3のキーワード

□光源　自ら光を出す物体。

□光の直進　光がまっすぐに進むこと。

□光の反射　光が物体の表面ではね返ること。

□入射角　右の図のａの角。

□反射角　右の図のｂの角。

□光の反射の法則　入射角と反射角の大きさが等しいこと。

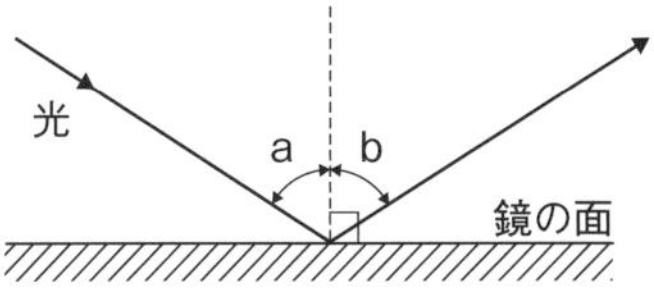

□光の屈折《くっせつ》　光が，空気中から透明《とうめい》な物体にななめに入射するとき，境界面で光が曲がること。

□全反射　光が透明な物体から空気中に出るときに，入射角を一定以上大きくすると，光が境界面で全て反射すること。

□焦点《しょうてん》　光軸《こうじく》に平行な光が凸《とつ》レンズに入るときと出るときに屈折して，１つに集まる点のこと。

□焦点距離《きょり》　凸レンズの中心から焦点までの距離。

□像　凸レンズなどを通して見えるものや，スクリーンなどにうつって見えるもの。

□実像　スクリーンにうつすことのできる像。焦点の外側に物体を置いたとき，スクリーンにうつる上下左右が逆向きになった像。

□虚像　スクリーンにうつすことのできない像。焦点の内側に物体を置いたとき，凸レンズを，物体の反対側からのぞくと見える，実物より大きくて同じ向きの像。

□音源　振動《しんどう》して音を出すもの。

□音の伝わり方　振動する物体がまわりのものを振動させて音が伝わる。空気中では空気を振動させることで音が伝わる。

□音を伝える物体　気体，液体，固体など。
例　液体⇨水：水中でも音は聞こえる。
例　固体⇨糸電話：糸が振動を伝える。

□音の速さ　空気中では秒速約340mで音が伝わる。

□弦《げん》と音の高低　弦の長さを短くする→音が高くなる。
弦の張り方を強くする→音が高くなる。

□振幅《しんぷく》	振動している物体の，振動の中心からのはば。
□振動数《しんどうすう》	振動している物体が１秒間に振動する回数。
□音の大小	振幅が大きいほど，大きい音になる。
□音の高低	１秒間に振動する回数（振動数）が多いほど，高い音になる。
□ヘルツ（Hz）	振動数の単位。１Hzは，１秒間に１回振動するときの振動数。
□力のはたらき	①物体の形を変える。 ②物体の運動の状態を変える。 ③物体を支える。
□重力	地球上の全ての物体に対して，地球の中心の向きにはたらく力。
□弾性《だんせい》の力	力によって変形させられた物体が，もとにもどる向きに生じる力。
□摩《ま》擦力《さつりょく》	物体が接している面から，その物体の運動をさまたげる向きにはたらく力。
□ニュートン（N）	力の大きさの単位。１Nは，100gの物体にはたらく重力の大きさとほぼ等しい。
□フックの法則	ばねを引く力の大きさと，ばねののびは比例する。
□力の３つの要素	①力のはたらく点（作用点）。 ②力の向き。 ③力の大きさ。
□力の矢印	矢印の長さが力の大きさ，矢印の向きが力の向き，矢印の始点が力のはたらく点。
□２力のつり合い	１つの物体にはたらく２力のつり合いの条件 ①２力が一直線上にある。 ②２力の大きさが等しい。 ③２力の向きが逆向きである。

第1章

単元4 大地の変化

火をふく大地

1 火山の姿からわかること

教 p.200〜p.201

要点

- **マグマ**　地球内部の熱などにより，地下の岩石が高温でとけた物。
- **溶岩《ようがん》**　地下のマグマが地表に流れ出た物。
- **噴《ふん》火《か》**　マグマにふくまれる成分が発泡《はっぽう》して気体になり，地表付近の岩石がふき飛ばされること。マグマが地表に流れ出ることもある。

マグマのねばりけと火山の形

火山の分類

火《か》山《ざん》の形	A  傾斜《けいしゃ》がゆるやかな形	B 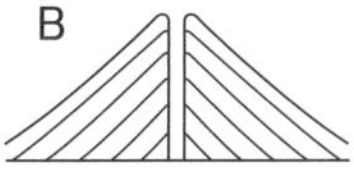 AとCの中間の形	C 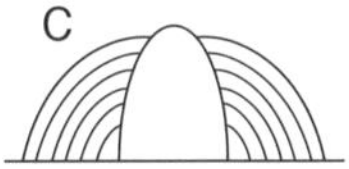 盛り上がった形
マグマのねばりけ	弱い	中程度	強い
溶岩の色	黒っぽい ←	→	白っぽい
例	伊《い》豆《ず》大島《おおしま》火山	富《ふ》士《じ》山《さん》	雲仙《うんぜん》普《ふ》賢岳《げんだけ》

- マグマのねばりけがちがうのは，マグマにより，温度や成分がちがうためである。

最重要 ▶火山の形はマグマのねばりけで決まる。

2 火山がうみ出す物

教 p.202〜p.205

要点

●**火山噴出物**《かざんふんしゅつぶつ》　噴火《ふんか》によってふき出したマグマの一部。大きさや性質で分けられる。

・**火山灰**《かざんばい》…軽くて小さい粒《つぶ》で，風で遠くまで運ばれやすいため，広い範囲《はんい》に広がる。

・**火山弾**《かざんだん》…マグマがふき飛ばされ，空中で冷えて固まったもの。

◦**鉱物**《こうぶつ》　マグマが冷えてできた結晶《けっしょう》状の粒。

■ 噴火のようすと溶岩／火山噴火によりうみ出される物

観察1

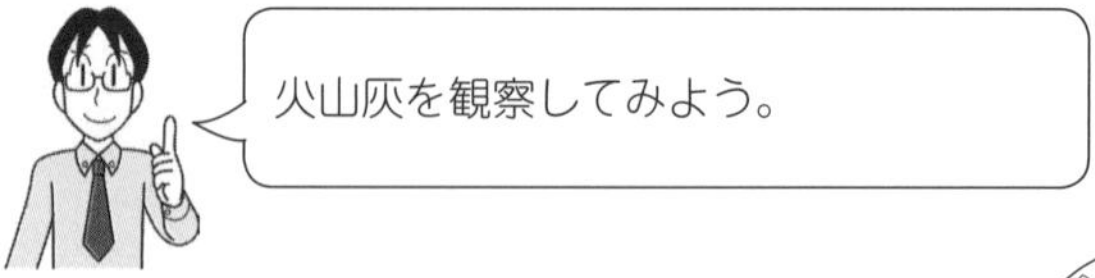

結　論

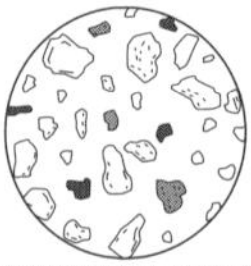

• 火山灰は，色や形のちがう何種類かの粒に分けられる。
• 粒の中で，結晶になったもの　→　鉱物

無色鉱物		有色鉱物				
石英《せきえい》	長石《ちょうせき》	黒雲母《くろうんも》	角《かく》セン石《せき》	輝石《きせき》	カンラン石	磁鉄鉱《じてっこう》
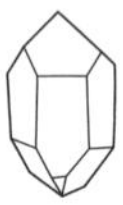	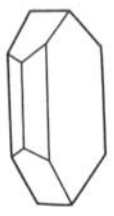	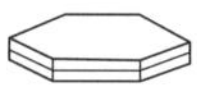		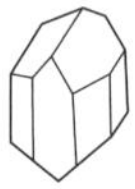		
無色か少し色づいた透《とう》明《めい》。不規則に割れる。	白色か半透明。決まった方向に割れる。	黒色。決まった方向にうすくはがれる。	暗褐色《あんかっしょく》または緑黒色。長い柱状。	暗緑色。短い柱状。	緑褐色《りょくかっしょく》〜茶褐色。不規則な形の小さい粒。	黒色･不透明。表面がかがやいている。磁石につく。

■ 火山灰からわかること

- 噴火によって上空までふき上げられた火山灰は，噴煙《ふんえん》となって上空の風により，遠くまで運ばれて積もり，新しい地層をつくる。

火山灰の広がり

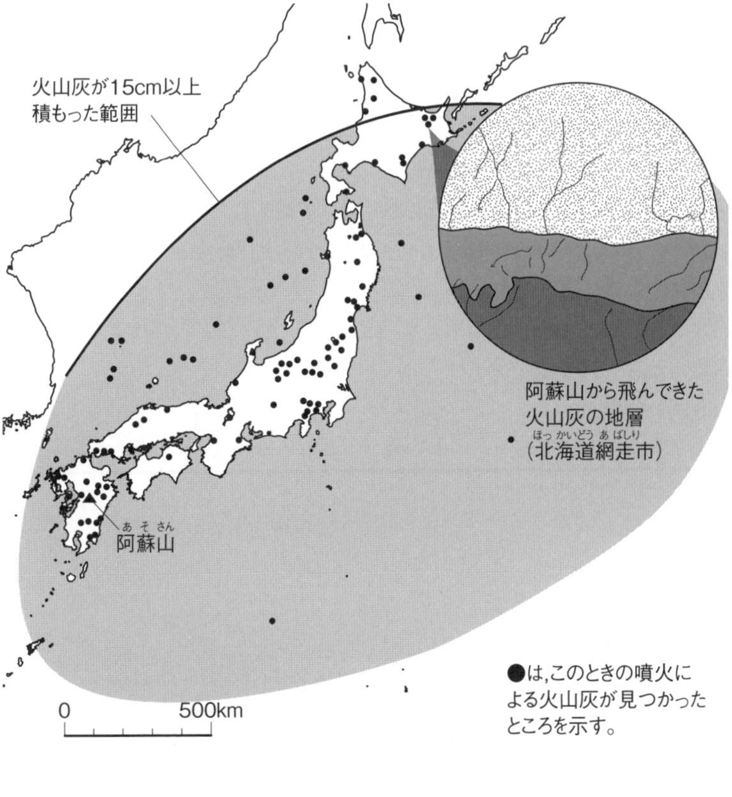

一問一答check!

□地下の岩石が高温でとけたものを何というか。	マグマ
□マグマが地表付近まで上昇《じょうしょう》し，マグマの中にふくまれる高圧のガスが地表付近の岩石をふき飛ばして始まることを何というか。	噴火《ふんか》
□火山の噴出物《ふんしゅつぶつ》のうち，地下のマグマが地表に流れ出てきたものを何というか。	溶岩《ようがん》
□火山の噴出物のうち，上空までふき上げられた小さな粒《つぶ》を何というか。	火山灰
□火山の噴出物のうち，マグマがふき飛ばされて，空中で冷えて固まったものを何というか。	火山弾《だん》
□ねばりけの弱いマグマでつくられた火山の形は，傾斜《けいしゃ》がゆるやかか、盛り上がっているか。	傾斜がゆるやか。
□あまり横には広がらず，盛り上がった形をしている火山は，ねばりけの強いマグマと弱いマグマのどちらでできたものか。	ねばりけの強いマグマ。
□マグマのねばりけが強くなると，噴火は激しくなるか，おだやかになるか。	激しくなる。
□冷えると白っぽくなるマグマはねばりけが強いか，弱いか。	強い
□マグマのねばりけがちがうのは，マグマの何がちがうためか。	温度や成分
□火山の噴出物の中にある，結晶《けっしょう》になった粒を何というか。	鉱物《こうぶつ》
□輝石《きせき》は有色鉱物か，無色鉱物か。	有色鉱物
□長石《ちょうせき》は有色鉱物か，無色鉱物か。	無色鉱物
□黒色で表面がかがやき，磁石につく鉱物は何か。	磁鉄鉱《じてっこう》
□無色か少し色づいた透明《とうめい》で，不規則に割れる鉱物は何か。	石英《せきえい》
□黒色で，決まった方向にうすくはがれる鉱物は何か。	黒雲母

これが出る! 定期テスト対策

1〔噴火のようす／火山が生み出す物〕 右の図は，火山の噴火のようすの模式図である。

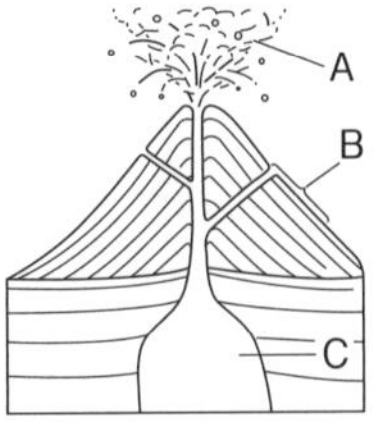

(1) 火山噴出物をつくりだす，高温の物質であるCは何か。 （ マグマ ）

(2) Cが地上に流れ出たBは何とよばれるか。 （ 溶　岩 ）

(3) 火山からふき出した気体Aは何か。 （ 火山ガス ）

2〔マグマのねばりけと火山の形〕 右の図は，火山の断面図である。

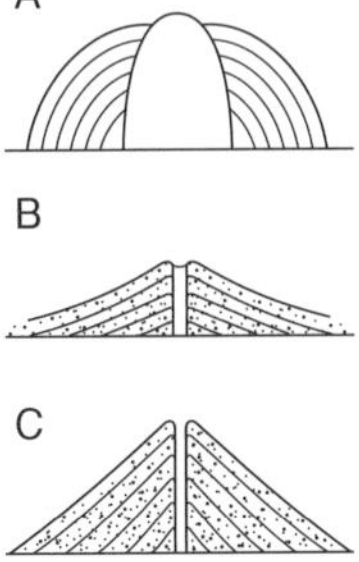

(1) 雲仙《うんぜん》普《ふ》賢岳《げんだけ》，桜島《さくらじま》，伊《い》豆《ず》大島《おおしま》火山はA～Cのどのタイプか。

雲仙普賢岳（ A ）

桜島（ C ）

伊豆大島火山（ B ）

(2) マグマのねばりけが強い順にA～Cを並べよ。 （ A → C → B ）

(3) 流れ出た溶岩の色が黒っぽい順にA～Cを並べよ。 （ B → C → A ）

(4) 激しい爆発的《ばくはつてき》な噴火でできた火山はどれか。 （ A ）

3〔火山灰にふくまれるもの〕 右の図は，採取した火山灰をにごりがなくなるまで水洗いし，顕微鏡《けんびきょう》で観察しスケッチしたものである。鉱物Aは暗緑色で，平らな面をもつ短い柱状だった。鉱物Bは黒色・不透明で表面がかがやいていた。これらの鉱物名を答えよ。

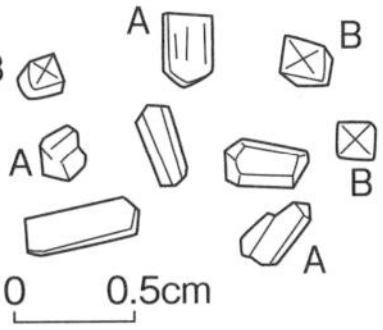

A（ 輝　石 ） B（ 磁 鉄 鉱 ）

3 火山の活動と火成岩

教 p.206～p.209

要点

- **火成岩《かせいがん》**　マグマが冷え固まってできた岩石。
  - **火山岩《かざんがん》**…マグマが地表や地表付近で急に冷え固まった岩石。
  - **深成岩《しんせいがん》**…マグマが地下深くで長時間かけて冷え固まった岩石。
- **石基《せっき》**　火山岩の中にある，形がわからないほど小さな鉱物《こうぶつ》の集まりやガラス質の部分。
- **斑晶《はんしょう》**　火山岩の中にある，比較的《ひかくてき》大きな鉱物。
- **斑状《はんじょう》組織《そしき》**　斑晶のまわりを石基がとり囲んでいる，火山岩特有のつくり。
- **等粒状組織《とうりゅうじょうそしき》**　同じくらいの大きさの，比較的大きな鉱物からできている，深成岩特有のつくり。

■ マグマの冷え方と火成岩／火山岩と深成岩のつくり

観察3

結　果

火山岩

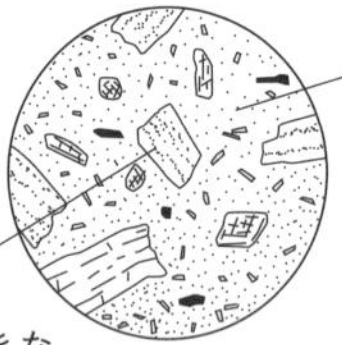

石基

マグマが急に冷えたために大きな粒になれなかった部分。

斑晶

比較的大きな鉱物の部分。

斑状組織

深成岩

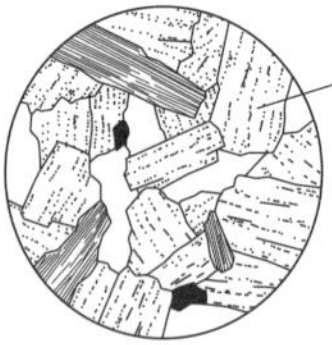

結晶の大きさがほぼ同じ

マグマが地下の深いところで長い時間をかけて冷えてできるために，どの鉱物も大きな粒になっている。

等粒状組織

火成岩の種類と鉱物

- 火成岩は，でき方によって火山岩と深成岩に分けられる。また，火成岩の色は，ふくまれる鉱物の種類と割合によって決まる。

火山岩	流《りゅう》紋《もん》岩《がん》	安《あん》山《ざん》岩《がん》	玄《げん》武《ぶ》岩《がん》
深成岩	花《か》こう岩	せん緑《りょく》岩《がん》	はんれい岩
火成岩の色	白っぽい ←→ 黒っぽい		
マグマのねばりけ	強い ←→ 弱い		
有色鉱物の割合	少ない ←→ 多い		

4 火山とともにくらす

教 p.210〜p.212

日本には100をこえる活《かっ》火《か》山《ざん》があり，世界の中でも火山が集中している地域である。火山活動により，火山のようすはそれぞれ異なっている。それらの火山からさまざまな恵みとともに，災害ももたらされる。

■ 火山のめぐみ

- 熱の利用…温泉や地熱発電など
- カルデラ湖などの美しい風景…観光資源

■ 火山の噴火と災害

- 火山を継続的に観察し，火山の活動を把握することが大切である。
- 個々の火山の特徴や噴《ふん》火《か》の歴史，噴火による災害などを学び，次の噴火で起こりうる災害を知る。
- ハザードマップを作成し，火山が噴火したときの被《ひ》害《がい》を減らすための計画を立てる。
- 噴火したときにどうするか，家や学校で話し合っておくことが大切である。

一問一答 check！

□火山の噴火《ふんか》では，火山灰，火山弾《だん》など，さまざまな物をふき出す。これらを何というか。	火山噴出《ふんしゅつ》物
□マグマが冷え固まってできた岩石を何というか。	火成岩《かせいがん》
□マグマが地表や地表付近で急に冷え固まった火成石を何というか。	火山岩
□マグマが地下の深いところで長い時間をかけて冷え固まった火成石を何というか。	深成岩
□安山岩《あんざんがん》は，火山岩か，深成岩か。	火山岩
□花《か》こう岩《がん》は，火山岩か，深成岩か。	深成岩
□安山岩と比べて，花こう岩にふくまれる鉱物《こうぶつ》のひとつひとつは大きいか，小さいか。	大きい。
□長石《ちょうせき》や石英《せきえい》を多くふくむ火成岩は，白っぽいか，黒っぽいか。	白っぽい。
□有色鉱物を多くふくむ火成岩は，白っぽいか，黒っぽいか。	黒っぽい。
□白っぽい鉱物でできた火山灰を噴出した火山から産出する火成岩は，白っぽいか，黒っぽいか。	白っぽい。
□マグマが急に冷えると，ふくまれる鉱物の結晶《けっしょう》は大きくなるか，ならないか。	大きくならない。
□マグマがゆっくり冷えると，ふくまれる鉱物の結晶は大きくなるか，ならないか。	大きくなる。
□火山岩で，大きな結晶になれなかった，形がわからないほど小さな粒《つぶ》でできた部分を何というか。	石基《せっき》
□火山岩で，比較的《ひかくてき》大きな鉱物を何というか。	斑晶《はんしょう》
□火山岩のつくりを何組織というか。	斑状《はんじょう》組織
□深成岩のつくりを何組織というか。	等粒状《とうりゅうじょう》組織

これが出る! 定期テスト対策

1〔火山岩と深成岩のつくり〕　図１，２はそれぞれ，ある火成岩のスケッチである。

図1

図2

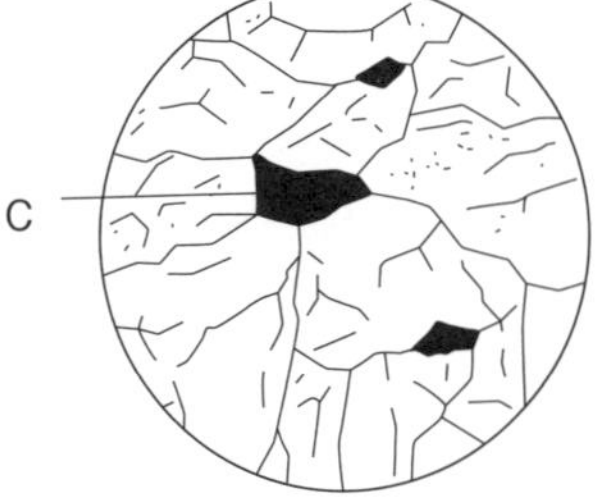

（1）図１のような火成岩のつくりを何というか。

（　斑状組織　）

（2）図１のBのような大きな粒の部分を何というか。

（　斑　　晶　）

（3）図１で，B以外の，Aの部分を何というか。

（　石　　基　）

（4）図２のような火成岩のつくりを何というか。

（　等粒状組織　）

（5）図１，２のようなつくりの岩石をそれぞれ何というか。

図１（　火　山　岩　）

図２（　深　成　岩　）

（6）黒色でうすくはがれる有色鉱物Cの名前を答えよ。　（　黒《くろ》　雲《うん》　母《も》　）

（7）図２の火成岩は何か。次のア～エから選べ。　（　ア　）

ア　花こう岩　　イ　安山岩　　ウ　流紋岩《りゅうもんがん》　　エ　玄武岩《げんぶがん》

第2章 単元4 大地の変化
動き続ける大地

1 地震のゆれの伝わり方

教 p.214～p.217

要点

- **震源《しんげん》** 地震《じしん》が発生した場所。
- **震央《しんおう》** 震源の真上の地点。
- **震度《しんど》** 地震によるゆれの大きさ。

実習1

地震のゆれはどのように伝わっていくのだろうか。

結果

- 地震のゆれは，ほぼ一定の速さで，震央を中心に同心円状《どうしんえん》に伝わっていく。
- 震度の分布も，震央を中心にほぼ同心円状になり，震度は，震央からはなれるほど小さくなる。

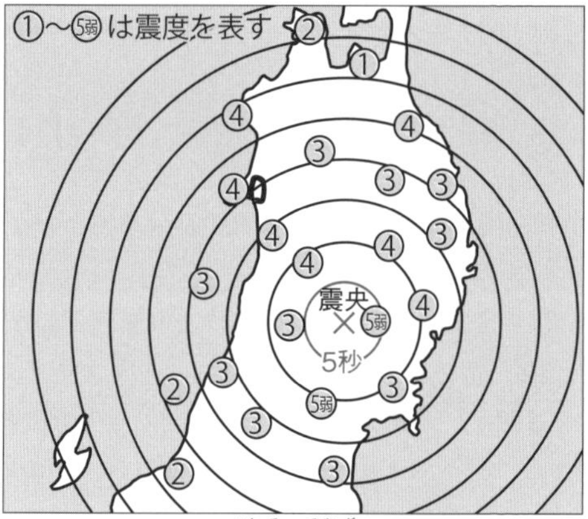

岩手《いわて》・宮城《みやぎ》内陸地震（2008年）

注 地震のゆれは大地を伝わるので，地盤《じばん》の性質のちがいにより，震央からの距離《きょり》が同じでも，ゆれの大きさが異なることもある。

■ 地震の規模／地震のゆれの記録／地震の波

要点

- **地震《じしん》のゆれ方《かた》**　**初期微動《しょきびどう》**……初めにくる小さなゆれ。
  主要動《しゅようどう》………後からくる大きなゆれ。
- **P波《は》**　初期微動を伝える波で，伝わる速さがS波より速い。
- **S波《は》**　主要動を伝える波で，伝わる速さがP波よりおそい。
- **初期微動継続時間《しょきびどうけいぞくじかん》**　初期微動が始まってから主要動が始まるまでの時間。
- **マグニチュード**　地震の規模（エネルギーの大きさ）。記号はM。

・震度５と震度６は弱と強に分かれるので，震度０～７の10段階となる。
・マグニチュードの値《あたい》が１大きくなると，地震のエネルギーの大きさは約30倍になる。

図解でチェック！

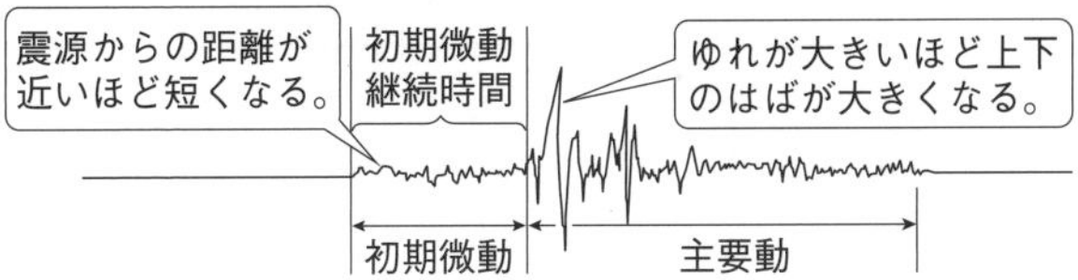

初期微動継続時間は震源からの距離に比例する。

震源ではP波とS波が同時に発生するが，伝わる速さがちがうため，震源から遠くなるほどP波とS波の到着《とうちゃく》時刻の差が大きくなる。

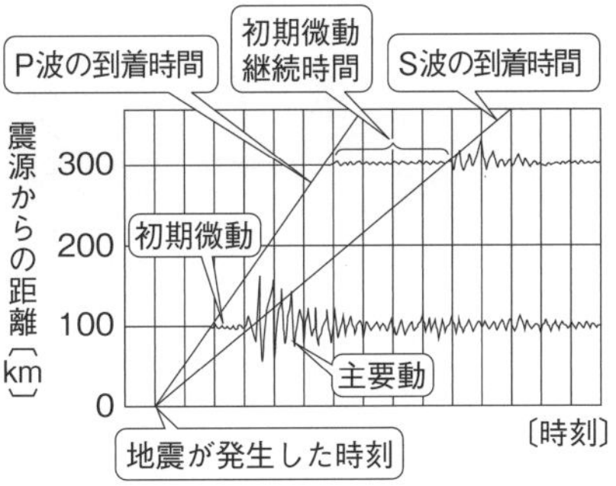

2 地震が起こるところ

教 p.218～p.221

■ プレートと震源／地震が起こるしくみ

要点

- **震源《しんげん》の分布《ぶんぷ》**　日本列島付近では日本列島と日本海溝《かいこう》の間に集中している。
- **プレート**　地球の表面をおおっている厚さ100㎞ほどの岩盤《がんばん》。
- **断層《だんそう》**　地層や岩盤《がんばん》にさまざまな力がはたらき，岩盤の一部が破壊《はかい》されて生じる地層や岩盤のずれ。

■ 陸のプレート内部で起こる地震

・プレートは常に動いているので岩盤には力が加わり続け，その力にたえられなくなると岩盤にずれが生じ，地震が発生する。

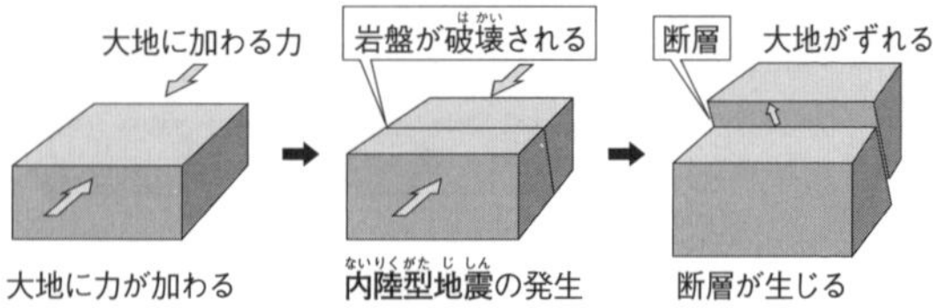

・**活断層《かつだんそう》**　地震でできた断層で，くり返しずれが生じる可能性がある断層。

■ プレートの境界で起こる地震

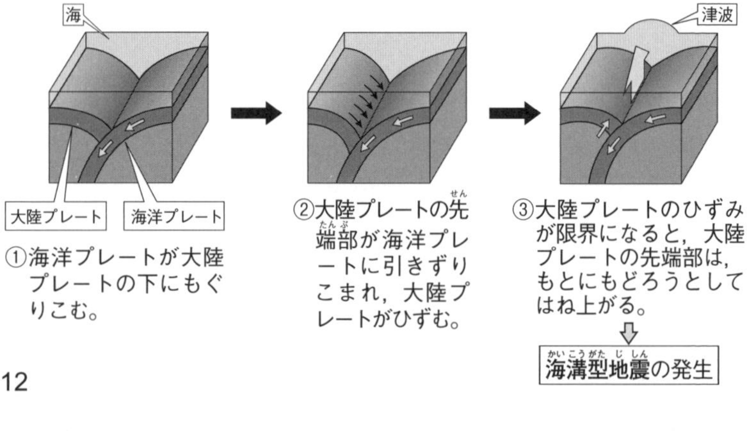

3 地震に備えるために

教 p.222〜p.224

■ 地震によって起こる現象

要点

● **隆起**《りゅうき》　地震などによって大地がもち上がること。
● **沈降**《ちんこう》　地震などによって大地がしずむこと。

■ 津波

要点

● **津波**《つなみ》　地震による海底の地形の急激な変化によって発生する波のこと。

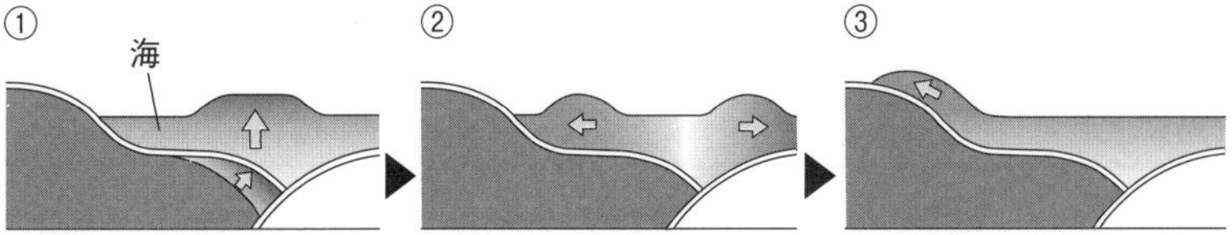

① 地震により，広い範囲で海水が大きくもち上がり，津波が発生する。

② もち上がった海水全体が大きな水のかたまりとして周辺に広がっていく。

③ 陸に近い浅い海に津波が到《とう》達《たつ》すると，津波はさらに高くなって陸におし寄せる。

■ 地震に備える

- 自分の住む土地の特徴《とくちょう》を知り，地理や地形から起こりうる災害について学んでおく。
- 建物の耐震《たいしん》補強などの対策。
- 緊急《きんきゅう》地震速報の利用。

一問一答 check!

□観測地点でのゆれの大きさを表すものは何か。	震度《しんど》
□震度は現在，何段階に分けられているか。	10段階
□地震《じしん》のゆれを記録する装置を何というか。	地震計
□地震が発生した場所を何というか。	震源《しんげん》
□震源の真上に位置する地点を何というか。	震央《しんおう》
□地震が起きたとき，初めの小さなゆれを何というか。	初期微動《しょきびどう》
□地震が起きたとき，後からくる大きなゆれを何というか。	主要動《しゅようどう》
□初期微動を伝える波を何というか。	Ｐ波
□主要動を伝える波を何というか。	Ｓ波
□Ｐ波とＳ波は，どちらの方が伝わるのが速いか。	Ｐ波
□初期微動が始まってから主要動が始まるまでの時間を何というか。	初期微動継続《けいぞく》時間
□震度は震源から遠くなるほど，どうなるか。	小さくなる。
□ゆれ始めの時刻が同じ地点を結ぶと，どんな図形に近くなるか。	円
□初期微動継続時間は，震源から遠ざかるにつれて，どうなるか。	長くなる。
□地震の規模（エネルギーの大きさ）を表す尺度を何というか。	マグニチュード
□マグニチュードの数値が１大きくなると，地震のエネルギーは約何倍になるか。	約30倍
□震源の深さが同じであるとき，マグニチュードが大きくなると震央付近の震度はどうなるか。	大きくなる。
□地球の表面をおおっている厚さ100kmほどの岩盤《がんばん》を何というか。	プレート

□地震は，何が動くことによって起こるか。	プレート
□日本列島付近の震源は，日本列島と太平洋側にあるどことの間に集中しているか。	日本海溝《かいこう》
□震源の深さは，太平洋側と日本列島の下ではどちらの方が深いことが多いか。	日本列島の下
□太平洋側のプレートを何というか。	海洋(海の)プレート
□日本列島があるプレートを何というか。	大陸(陸の)プレート
□太平洋側で起こる地震は，海洋プレートと大陸プレートのどちらが下にしずみこむことによって発生するか。	海洋プレート
□太平洋側で起こる地震は，何というプレートが，ひずみにたえきれなくなってもとにもどろうとして起こるのか。	大陸(陸の)プレート
□海底で深い溝《みぞ》のようになっているところを何というか。	海溝
□大きな地震が起こりやすい場所は，プレートのどのような場所か。	プレートの境界(付近)
□地層や岩盤に加わった力のために，岩盤が破《は》壊《かい》されて生じる地層や岩盤のずれを何というか。	断層
□地震によってできた断層で，今後もくり返し活動する可能性のある断層を何というか。	活断層
□地震などによって，大地がもち上がることを何というか。	隆《りゅう》起《き》
□地震などによって，大地がしずむことを何というか。	沈降《ちんこう》
□地震によって，海底の地形が変動することで生じる大きな海水の波を何というか。	津波《つなみ》
□地震のゆれによって急に地面がやわらかくなる現象を何というか。	液状《えきじょう》化《か》現象

これが出る! 定期テスト対策

1〔地震のゆれの伝わり方〕 図1は，ある地震《じしん》の地震計での記録であり，図2は，地震の波が伝わった震源《しんげん》からの距離《きょり》と要した時間の関係を示したものである。

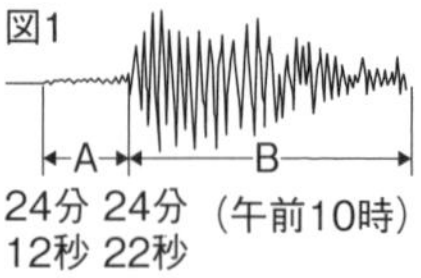

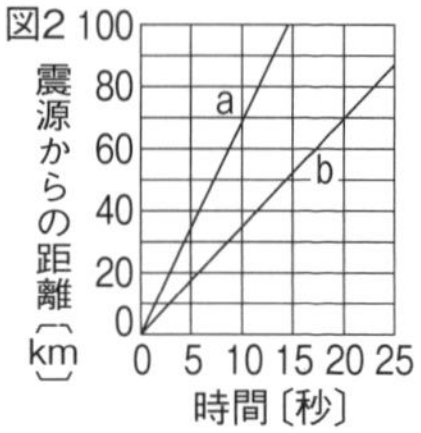

（1）A，Bのゆれをそれぞれ何というか。

A（ 初《しょ》期《き》微《び》動《どう》 ）

B（ 主《しゅ》要《よう》動《どう》 ）

（2）Aのゆれを伝える波を表すグラフはa，bのどちらか。（ a ）

（3）Aのゆれを伝える地震の波の速さは何km/秒か。（ 7 km/秒 ）

（4）図1を記録した地点は，震源から何kmはなれているか。（ 70km ）

（5）この地震は，午前10時何分何秒に発生したか。（ 午前10時24分2秒 ）

2〔地震の規模〕 次の図は，ちがう時期に発生した地震の震度《しんど》分布を表したもので，震源の深さは地震1が2km，地震2が14kmであった。

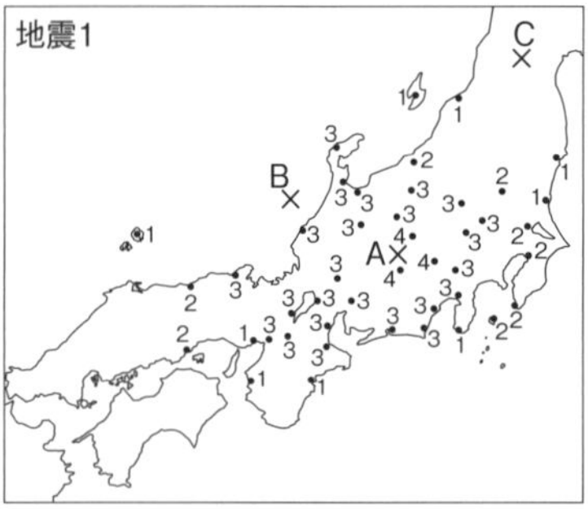

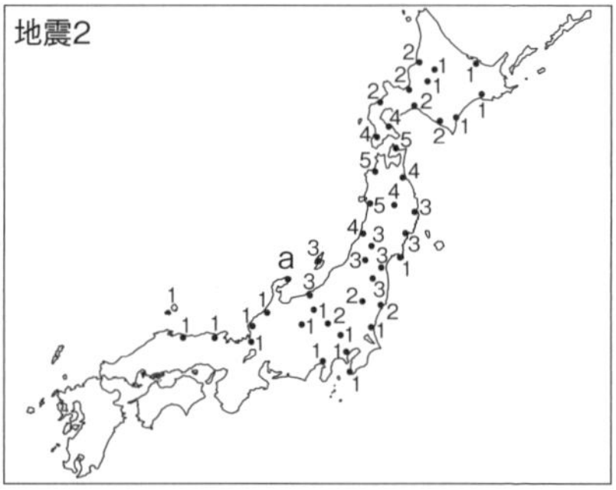

（1）地震1の震源は，図のA～Cのどの地点の地下と考えられるか。

（ A ）

（2）地震2のa地点での震度はどのくらいと考えられるか。（ 3 ）

(3) マグニチュードが大きいのは地震1と地震2のどちらか。(地 震 2)

3〔地震の起こるところ〕 右の図は，地震の起こるしくみをモデルで表したものである。

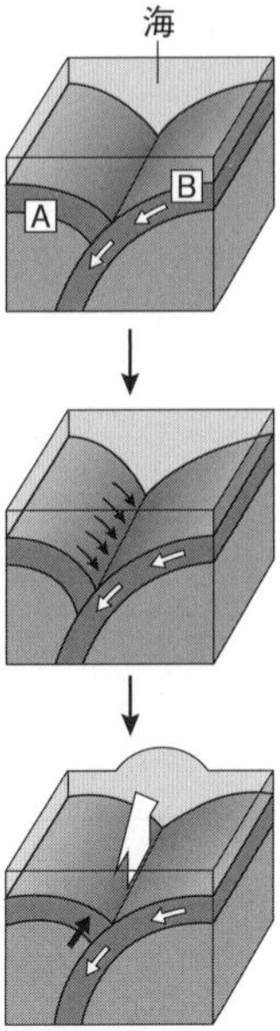

(1) A，Bのプレートはそれぞれ何とよばれているか。

A(大陸(陸の)プレート)

B(海洋(海の)プレート)

(2) プレートがひずみにたえられなくなってもとにもどろうとし，地震を起こすのはA，Bのどちらのプレートか。(A)

(3) このような地震が起こるのは，太平洋側か，日本海側か。(太 平 洋 側)

4〔地震によって起こる現象〕 下の図は，地震が起きたときの海底のようすを模式的に表したものである。

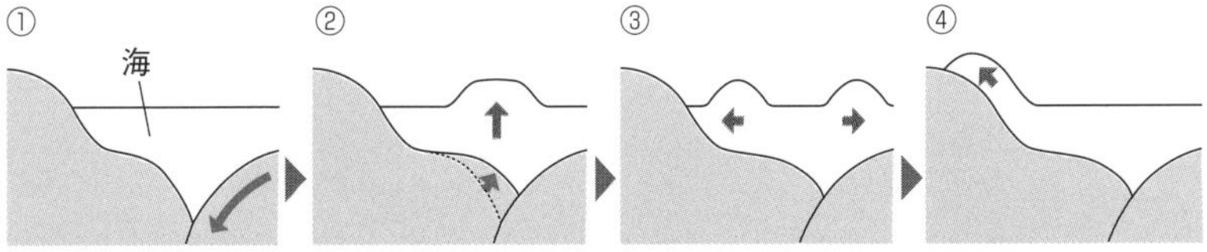

(1) 海底の岩盤《がんばん》が大きくずれて地震が発生したのは，①～④のいつか。

(②)

(2) 津波《つなみ》が発生したのは，①～④のいつか。(②)

(3) 津波のほかに，地震によってもたらされる災害で，地面が急にやわらかくなり，水や泥水《どろみず》がふき出す現象を何というか。(液状化現象)

単元4 大地の変化

第3章 地層から読みとる大地の変化

1 地層のつくりとはたらき

教 p.226～p.227

要点

●地層《ちそう》をつくるはたらき

風化《ふうか》 →	侵食《しんしょく》 →	運搬《うんぱん》 →	堆積《たいせき》
気温の変化や風雨のはたらきによって，岩石がもろくなること。	水のはたらきなどによって，岩石がけずられること。	川などの水の流れによって，れきや砂などが下流へ運ばれること。	水の流れがゆるやかになったところに，れきや砂などがたまること。

●**地層《ちそう》**　れき，砂，泥《どろ》などが海底などに積み重なってできたもの。

調べよう　れき，砂，泥の粒の大きさと手ざわり

粒のよび方	粒の大きさ	手ざわり
れき	2 mm以上	ごつごつ
砂	2 mm～$\frac{1}{16}$(約0.06) mm	ざらざら
泥	$\frac{1}{16}$(約0.06) mm以下	さらさら

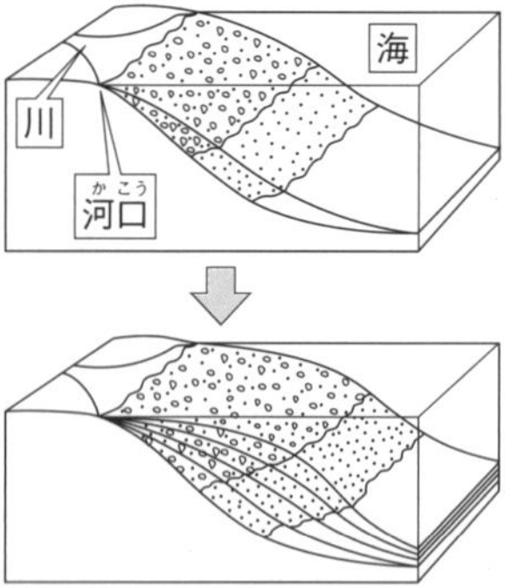

①流れる水のはたらきで運搬されてきたれき，砂，泥は粒《つぶ》の大きいものほど陸の近くに堆積する。

れきと砂　細かい砂　泥

②①の層の上にさらに新しい層が積み重なる。このくり返しで，地層がつくられる。

川が平野から海に出たところでは三角州《さんかくす》がつくられる。

2 堆積岩

教 p.228～p.231

要点

● **堆積岩《たいせきがん》**　流れる水のはたらきで運搬されたれき，砂，泥などの堆積物が，その上に積み重なる堆積物の重みでおし固められてできた岩石。

観察3

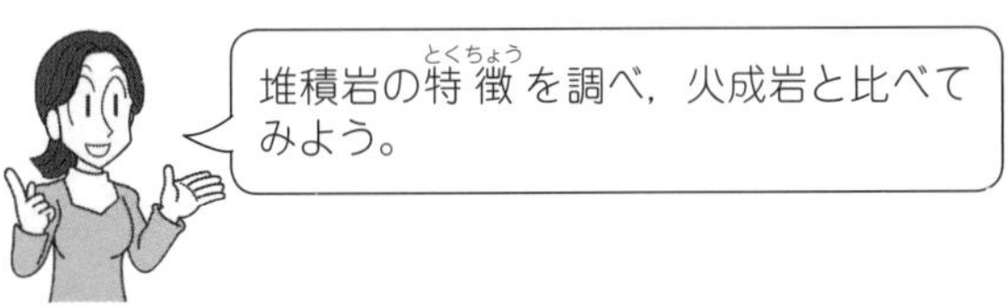

堆積岩の種類

堆積岩の種類	おもな堆積物	特徴
れき岩	れき（粒の大きさ直径2 mm以上）	角がとれた粒でできたものが多い。
砂《さ》岩《がん》	砂（粒の大きさ直径2～$\frac{1}{16}$（約0.06）mm）	
泥《でい》岩《がん》	泥（粒の大きさ直径$\frac{1}{16}$（約0.06）mm以下）	
凝《ぎょう》灰《かい》岩《がん》	火山灰	過去に火山活動があったことがわかる。角ばった鉱物《こうぶつ》をふくむ。
石《せっ》灰《かい》岩《がん》	貝殻《かいがら》やサンゴなど（炭酸カルシウム）	うすい塩酸をかけると二酸化炭素が発生する。
チャート	海水中の小さな生物の殻《から》や骨格	うすい塩酸をかけてもとけない。非常にかたい。

■ 運搬された堆積物が堆積する場所

- 上の表の堆積岩は，それぞれ堆積した場所が異なる。
- 堆積岩が見つかった場所は，昔どのような場所（環境《かんきょう》）であったかを知る手がかりとなる。

一問一答 check!

□岩石が，気温の変化や風雨などのはたらきによってもろくなることを何というか。	風化
□岩石が，流れる水によってけずられることを何というか。	侵食《しんしょく》
□れきや砂などが，流れる水によって下流へと運ばれることを何というか。	運搬《うんぱん》
□れきや砂などが，海底や湖底などにたまることを何というか。	堆積《たいせき》
□れき・砂・泥《どろ》のうち，もっとも沖まで運ばれるものは何か。	泥
□海底や湖底の堆積物が，上に積み重なる堆積物の重みでおし固められてできた岩石を何というか。	堆積岩
□堆積岩のうち，れき岩，砂岩《さがん》，泥岩《でいがん》は何によって区別されるか。	粒《つぶ》の大きさ
□粒の大きさが2mm以上の堆積岩を何というか。	れき岩
□粒の大きさが2〜$\frac{1}{16}$mmの堆積岩を何というか。	砂岩
□粒の大きさが$\frac{1}{16}$mm以下の堆積岩を何というか。	泥岩
□れき岩や砂岩にふくまれる粒は，角がとれているか，角ばっているか。	角がとれている。
□火山灰が固まった堆積岩を何というか。	凝灰岩《ぎょうかいがん》
□凝灰岩にふくまれる粒は，角がとれているか，角ばっているか。	角ばっている。
□貝殻《かいがら》やサンゴなどがおし固められてできた堆積岩のうち，うすい塩酸をかけると二酸化炭素を発生するものは何か。	石灰岩《せっかいがん》
□海水中をただよう小さな生物の殻《から》や骨格がおし固められてできた堆積岩で，うすい塩酸をかけても二酸化炭素を発生しないものは何か。	チャート

これが出る! 定期テスト対策

1〔流れる水のはたらき〕 右の図は，河口に土砂が堆積していくようすを表したものである。

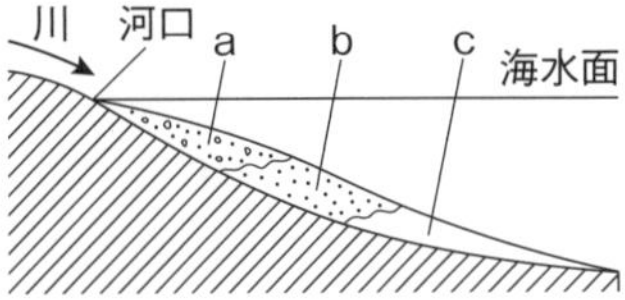

（1）流れる水が陸地をけずりとるはたらきを何というか。（ 侵　　食 ）

（2）a～cには何が堆積しているか。次のア～エからそれぞれ選べ。

ア　細かい砂　　イ　火山灰　　ウ　れきと砂　　エ　泥

a（ ウ ）　b（ ア ）　c（ エ ）

（3）a～cのように土砂が層状に積み重なったものを何というか。

（ 地　　層 ）

2〔地層のでき方〕 右の図は，あるがけの地層を模式的に表したものである。

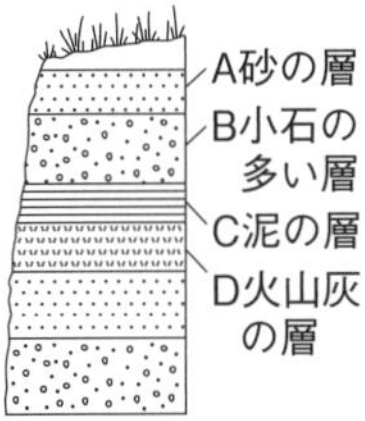

（1）Bの層の小石はどんな形か。次のア，イから選べ。

ア　角がとれている。

イ　角ばっている。

（ ア ）

（2）BとCではどちらが深い海で堆積したか。（ C ）

（3）流れる水のはたらき以外のことが原因で堆積したと考えられる層は，A～Dのどれか。（ D ）

3〔堆積岩〕 右の表は，堆積岩の種類とおもな堆積物をまとめたものである。

堆積岩の種類	おもな堆積物
れき岩	れき
砂岩	砂
泥岩	泥
凝灰岩	①
石灰岩	貝殻やサンゴ
チャート	②

（1）①にあてはまる，おもな堆積物は何か。（ 火 山 灰 ）

（2）②にあてはまる，おもな堆積物は何か。

（ 水中の小さな生物の殻や骨格 ）

3 地層や化石からわかること

教 p.232〜p.235

要点

- **化石《かせき》**　地層《ちそう》ができるときに，そこにすんでいた生物の死がいや巣穴などが地層の中に残されたもの。
  - **示相化石《しそうかせき》**…地層が堆積《たいせき》した当時の環境《かんきょう》を示す化石。
  - **示準化石《しじゅんかせき》**…地層が堆積した年代を知ることができる化石。
  - **地質年代《ちしつねんだい》**…生物の移り変わりをもとに決めた，地層が堆積した年代。

注　化石も地層と同じように，過去の大地のようすを知る手がかりになる。

データから読みとろう

- 地層から堆積した当時の環境やその変化を知ることができる。

例　右のような地層では地層をつくる粒《つぶ》が下から上へ大きくなっている。

↓

深い海から浅い海(陸上)へ変わった。

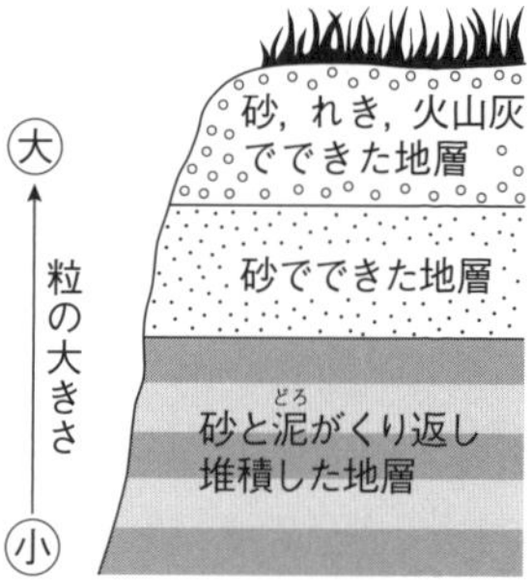

■ 化石からわかること

- 示相化石

化石	サンゴ	植物の花粉	シジミ
当時の環境	あたたかくて浅い海	どの植物かが手がかり	淡水《たんすい》と海水の混じる河口や湖

■ 化石と地質年代

- 示準化石　ある時期にだけ栄え，広い範囲にすんでいた生物の化石。

地質年代	古生代《こせいだい》	中生代《ちゅうせいだい》	新生代《しんせいだい》
示準化石	リンボク・フズリナ・サンヨウチュウ	アンモナイト・ザミテス(裸子《らし》植物)	メタセコイア・ナウマンゾウ・ビカリア

4 大地の変動　5 身近な大地の歴史

教 p.236〜p.241

■ 大地の動き／しゅう曲と断層

要点

● **しゅう曲《きょく》**　地層をおし縮めるような大きな力がはたらいてできた地層の曲がり。

しゅう曲のでき方

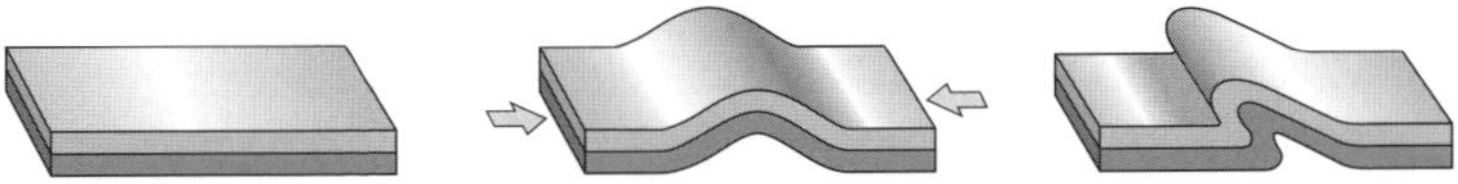

①水平に地層が堆積する。　②地層に大きな力（プレート運動による力）がはたらく。　③地層は大きく曲げられる。

■ 地層の広がり

観察5

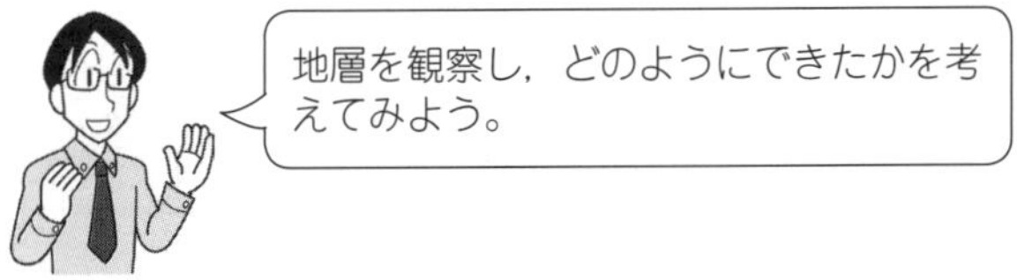

柱状図　ある地点の地層の特徴《とくちょう》と重なり方のようすを模式的に表したもの。

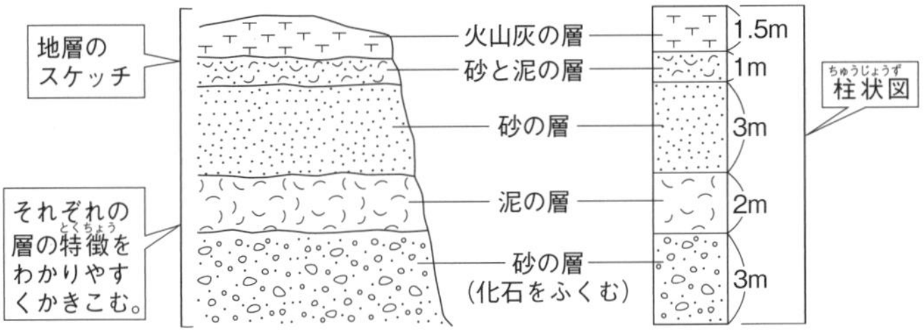

一問一答 check!

□生物の死がいや巣穴などが，地層の中に残されてできたものを何というか。	化石
□地層が堆積《たいせき》した当時の環境《かんきょう》がわかる化石を何というか。	示相化石
□地層が堆積した年代を知ることができる化石を何というか。	示準化石
□シジミの化石がふくまれる地層は，どのような環境で堆積したと考えられるか。	河口や湖
□サンゴの化石がふくまれる地層は，どのような環境で堆積したと考えられるか。	あたたかくて浅い海
□ナウマンゾウの化石がふくまれる地層は，新生代《しんせいだい》，中《ちゅう》生代《せいだい》，古生代《こせいだい》のうち，どの時代に堆積したものか。	新生代
□サンヨウチュウの化石がふくまれる地層は，新生代，中生代，古生代のうち，どの時代に堆積したものか。	古生代
□アンモナイトの化石がふくまれる地層は，新生代，中生代，古生代のうち，どの時代に堆積したものか。	中生代
□大きく曲げられた地層の曲がりを何というか。	しゅう曲
□しゅう曲や断層ができるのは，大地にどのような力が加わっているためか。	プレート運動による力
□ある地点での地層の重なりを，グラフのようにして表した図を何というか。	柱状図
□細い管を使って地面をほり，地層や岩石を採集して地下のようすを調べで得られた試料を何試料というか。	ボーリング試料
□地層を観察するときに必要な道具は何か。	岩石用ハンマー，磁針，ルーペ，スケール，移植ごてなど

これが出る！ 定期テスト対策

1〔地層のようす〕 右の図は，あるがけの地層である。

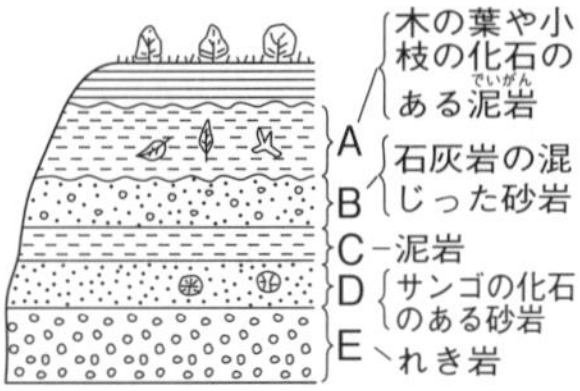

（1）湖底で堆積したと考えられる地層はA～Eのどれか。　（　A　）

（2）うすい塩酸をかけると二酸化炭素の発生する岩石をふくむ地層は，A～Eのどれとどれか。　（　B　と　D　）

（3）Dの層は，次のア～エのどこで堆積したと考えられるか。

ア　冷たく，深い海底　　イ　あたたかく，深い海底

ウ　冷たく，浅い海底　　エ　あたたかく，浅い海底

（　エ　）

（4）Dのサンゴのように，地層が堆積した当時の環境がわかる化石を何というか。　（　示相化石　）

2〔地層の広がり〕 ある地点でのボーリング試料を調べたところ，右の図のように地層が堆積していることがわかった。この地点には地層の逆転はない。

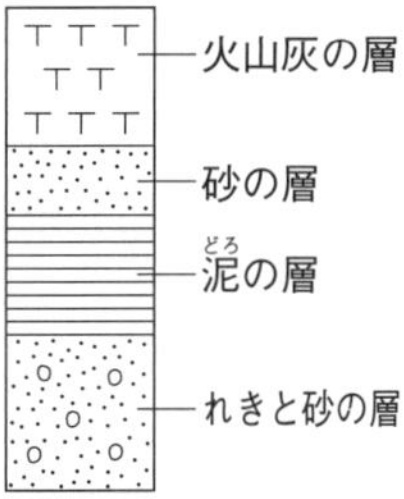

（1）右の図のように，ある地点での地層の堆積のようすを示した図を何というか。

（　柱状図　）

（2）この地点から500mはなれた地点での地層の堆積のようすを表した図は，次のア～エのどれか。

（　ウ　）

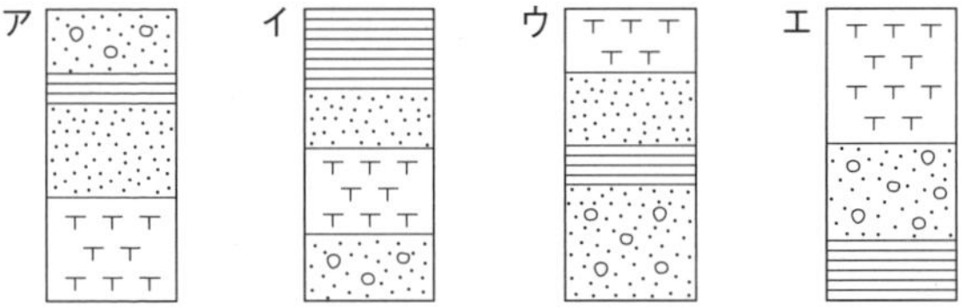

3〔しゅう曲〕　下の図は，堆積《たいせき》した地層に大きな力がはたらいたようすを模式的に表したものである。

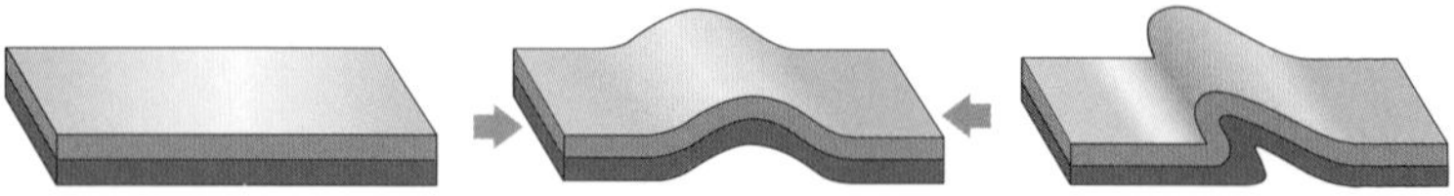

①水平に地層が堆積する。　②地層に大きな力がはたらく。③地層が大きく曲げられる。

（1）②ではたらいた大きな力は，何という運動による力か。

（　プレート運動による力　）

（2）③でできた地層の曲がりを何というか。　（　しゅう曲　）

（3）次の文は，山地や山脈がつくられるようすをまとめたものである。A～Cに当てはまることばを答えよ。

（　A　）の動きによって，地層が長い時間をかけて変形し，（　B　）や断層《だんそう》を形成しながら（　C　）して，山地や山脈がつくられる。

A（　プレート　）

B（　しゅう曲　）

C（　隆《りゅう》　起《き》　）

4〔しゅう曲と断層〕　右の図は，あるがけに見られる地層の一部の模式図である。

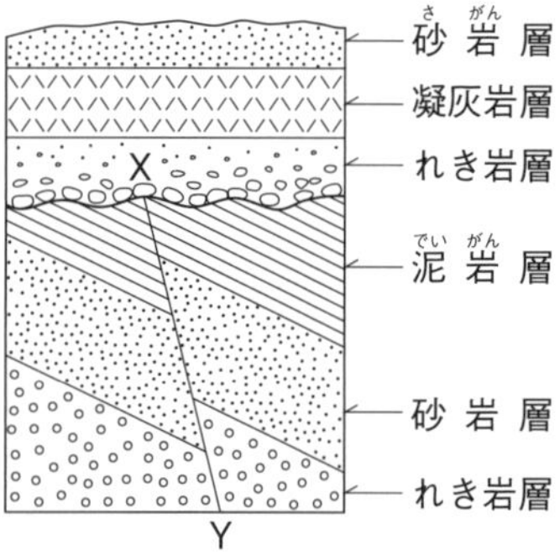

（1）凝灰岩《ぎょうかいがん》層は，かつてどのような活動があったことを示しているか。（　火山活動　）

（2）境界面X－Yを境にした地層のずれを何というか。

（　断　層　）

単元4のキーワード

□マグマ	地下深くにある岩石の一部が高温でとけたもの。
□噴火《ふんか》	マグマが地表付近まで上昇《じょうしょう》すると，マグマの中にふくまれる高圧のガスが地表付近の岩石をふき飛ばし，噴煙《ふんえん》や火山灰《かざんばい》などが爆発《ばくはつ》的に地表にふき出される現象。
□火山の形	マグマのねばりけによって火山の形が決まる。ねばりけが弱いほど平らな火山になり，ねばりけが強いともり上がった形の火山になる。
□火山噴出《ふんしゅつ》物	火山が噴火したときにふき出されるもの。火山ガス，火山灰，火山弾《だん》，溶岩《ようがん》などがある。
□鉱物《こうぶつ》	火山の噴出物の中にある，結晶《けっしょう》になった粒《つぶ》。有色鉱物と無色鉱物がある。
□火成岩	マグマが冷え固まってできた岩石。火山岩と深成岩の２つに分けられ，さらに，ふくまれる鉱物の種類と割合によって分類される。
□火山岩	マグマが地表や地表付近で短い時間で冷え固まった岩石。有色鉱物の割合が多い方から，玄武岩《げんぶがん》・安山岩《あんざんがん》・流紋岩《りゅうもんがん》。
□深成岩	マグマが地下の深くで長い時間をかけて冷え固まった岩石。有色鉱物の多い方から，はんれい岩・せん緑岩《りょくがん》・花《か》こう岩《がん》。
□石基《せっき》	火山岩の中にある，肉眼《にくがん》では形がわからないほど小さな粒。
□斑晶《はんしょう》	火山岩の中にある，比較的《ひかくてき》大きな鉱物。
□斑状《はんじょう》組織	火山岩のつくり。斑晶のまわりを石基がとり囲んでいる。
□等粒状《とうりゅうじょう》組織	深成岩のつくり。比較的大きな鉱物からなる。
□震源《しんげん》	地震《じしん》が発生した場所。
□震央《しんおう》	震源の真上に位置する地点。
□初期微動《しょきびどう》	地震のときの，初めにくる小さなゆれ。
□主要動《しゅようどう》	地震のときの，後からくる大きなゆれ。
□Ｐ波	初期微動を伝える，速い波。
□Ｓ波	主要動を伝える，おそい波。

□初期《しょき》微動《びどう》継《けい》続《ぞく》時間　初期微動が始まってから主要動が始まるまでの時間。または，P波とS波の到着《とうちゃく》時刻の差。震源《しんげん》からの距離《きょり》に比例する。

□震度　地震《じしん》のゆれの大きさ。10段階で表す。

□マグニチュード　地震の規模（エネルギーの大きさ）。記号はM。Mの値《あたい》が1大きいと，エネルギーは約30倍になる。

□隆起《りゅうき》　地震などにより大地がもち上がること。

□沈降《ちんこう》　地震などにより大地がしずむこと。

□津波《つなみ》　地震による海底の地形の急激な変化によって生じる大きな波。

□プレート　地球の表面をおおう，厚さ100kmほどの岩盤《がんばん》。プレートの動きが，地震や火山活動と関係がある。

□断層　地層や岩盤に加わった力のために，岩盤が破壊《はかい》されて生じる地層や岩盤のずれ。

□活断層　地震によってできた断層で，今後もずれる可能性のある断層。

□地層　れき，砂，泥《どろ》などが海底などに積み重なってできたもの。ほぼ水平に連続して広がる。

□風化《ふうか》　気温の変化や風雨などのはたらきによって，かたい岩石がもろくなること。

□侵食《しんしょく》　水のはたらきなどによって，かたい岩石がけずられること。

□運搬《うんぱん》　水の流れによって，れきや砂などが運ばれること。

□堆積《たいせき》　れきや砂などが，水の流れがゆるやかになった平野や海岸などにたまること。

□示相《しそう》化石　地層が堆積した当時の環境《かんきょう》がわかる化石。

□示準《しじゅん》化石　地層が堆積した当時の年代がわかる化石。

□地質年代　生物の移り変わりをもとに決めた年代。

□堆積岩　海底や湖底などの堆積物が，長い年月をかけて上に積み重なった堆積物の重みでおし固められてできた岩石。

□凝灰岩《ぎょうかいがん》　火山灰が固まった堆積岩。

□しゅう曲　地層をおし縮める大きな力がはたらいてできた，地層の曲がり。